不快乐，是因为太聪明

印顺 著

中国发展出版社
CHINA DEVELOPMENT PRESS

目录

第一章 常想一二，不思八九

第四章 万法不离一念心

第五章 想，都是问题；做，才有答案

第二章 『我』是个什么东西

第三章 狂心顿歇，歇即菩提

第八章 愿你活出生命本来的样子

第九章 无所求，无所忧

第六章 禅说断舍离

第七章 寻寻觅觅，只因不知要什么

第十二章 这样才能活到一百岁

第十章 所谓情商高，就是会说话

第十一章 这些毛病，一定要改改了

不快乐，是因为太聪明

第一章

常想一二，不思八九

1

善良，是为自己留下的路标

在过去，撒哈拉沙漠又被称为“死亡之海”，进入者的命运通常是有去无回。

1814 年，一支考古队打破了这个死亡魔咒。当时，撒哈拉沙漠随处可见逝者的骸骨，队长总让大家停下来，选择高地挖坑，把骸骨掩埋，还用树枝或石块为逝者竖个简易墓碑。但骸骨实在太多，掩埋工作占用了大量时间。队员们抱怨：“我们是来考古的，不是来替死人收尸的。”队长固执地说：“每一堆白骨，都曾是我们的同行，怎忍心让他们暴尸荒野？”

一周后，当考古队准备离开时，突然刮起风暴。指南针都失灵了，考古队完全迷失方向，食物和淡水开始匮乏，他们这才明白了为什么从前那些同行没能走出来。

危难之时，队长说：“不要绝望，我们来时留下了路标！”他们沿着来时一路掩埋骸骨竖起的墓碑，最终走出了“死亡之海”。在接受采访时，考古队的队员们感慨地说：“善良，是我们为自己留下的路标。”

俗话说，好的开始是成功的一半。而所谓“开始”，其实就是我们的念头、我们的动机。经常生起善念，并由此驱使自己行善，不仅帮助了别人，也为以后的自己留下了后路和贵人。

施人与善，广种福田；施人与恶，报应连连。我们承受的一切苦乐顺逆，全都是自己种下的，也是自己收获的。我们所能为自己做的最好的事情，就是去为他人多做好事。

我们常听到有人抱怨，有好的才华，不一定有好的命运，所谓“他才不如你，你命不如他”。这是什么原因呢？原因就在于有没有广结善缘、广行布施。

有好的才能，但是没有积极用这些才能去利益他人，转化成自己的德业福报，其实等于没有。相反，我们日常生活中的一句善语、一个微笑、一杯茶水，都能让他人生起欢喜心，利益到他人，这些善举反过来都是在积累自己的福报，也是在增长自己生命的厚度。积小成大，积少成多，哪一天量变引起质变，我们的命运便出现了好的转变。

不管我们周围的生活环境有多么嘈杂、浮躁，都请不忘初心，坚持向善。要相信苍穹中定有一双慈悲之眼在关照着世间一切，也在肯定着你身、口、意所做的善行。请坚定地相信善良和慈悲的力量终将使你的生命向着好的方向转变。总有一天，所有的善良和付出，都会以另一种方式归来，照亮你的生命。

种下一个善念，收获一种良知；种下一种良知，收获一种道德；种下一种道德，收获一种习惯；种下一种习惯，收获一种性格；种下一种性格，收获一种人生。

善有善报，既是故事的开始，也是故事的结局。

最后，送大家一首佛教诗偈：

善似青松恶似花，看看眼前不如它。
有朝一日遭霜打，只见青松不见花。

一只眼看世界，一只眼看自己

意大利画家阿曼迪奥·莫迪里阿尼画的肖像画有一个共同特点，画中的许多成年人只有一只眼睛。

许多人对此不解：在艺术家眼里，为什么只有一只眼睛就能把这个混混沌沌的世界看得更明白、更透彻呢？

对此，莫迪里阿尼的回答耐人深思："这是因为我用一只眼睛观察周围的世界，用另一只眼睛审视自己，审视那些属于灵魂的东西。"

画家的回答，蕴含着深刻的人生哲理。世人最迷信的，是自己的眼睛。"亲眼看见，我才相信"，这是一般人判断真伪的方法。眼睛可以为我们带来光明，却不能告诉我们世界的真相；必须通过深入的思考，才能接近真相。很多时候，正因为你的"看到"，障住了你对事物本质的认知。

双眼长在前额，并无法看到自己的本来面目，这是人与生俱来的"盲点"。上天给每个人准备了两个布袋，一个挂胸前，一个挂后背。前面的布袋装着自己的优点，后面的布袋装着自己的缺点。结果，每个人只要一睁开眼睛，看见的都是自己的优点和别人的缺点。所以，每个人都认为自己优秀、别人愚蠢，因而对别人总是求全责备，对自己总是肯定赞扬。

老子在《道德经》中说："知人者智，自知者明。"真正的聪明人必须具备自知之明。孔子的学生曾子也强调内省："吾日三省吾身。"圣人都有自知之明，无非是因为他们都留着一只眼睛审视着自己。

留一只眼睛看自己，你才能看住自己那一颗狂野的心和无限的贪欲，你才能明白自己到底是谁，你才能明白这世间什么事可为、什么事不可为。

留一只眼睛看自己，你才能看清人的本心，从而看清别人。因为你的所思正是别人所思，你的所欲正是别人所欲，你的所苦正是别人所苦，这样推己及人，才是慈悲。

人只有既看清了自己，又看清了别人，才能明白人生在世应当有所为有所不为，从而获得内心的自在和宁静。

人生最大的敌人是自己。只有认真审视自己，你才可能成为一个觉悟的人。

最后，把唐末五代的诗僧文偃的一首诗送给大家：

金屑眼中翳，衣珠法上尘。
己灵犹不重，佛视为何人？

常想一二，不思八九

明代思想家王阳明当年因替忠臣仗义执言，得罪了大宦官刘瑾，被当众廷杖四十，下到诏狱。

在环境恶劣的诏狱里，戴铣等许多获罪文官因不能接受忠臣蒙冤、宦官当道的事实，满腔悲愤，以致发疯，惨死狱中。王阳明却能及时放下心中的愤懑。他每日在污泥满地的监狱里想象着家中妻子的体贴温柔、老父的和蔼慈祥、朋友们在诗社快乐逍遥的日子，将难咽的囚饭想象成家里的鸡鸭鱼肉，靠这些美好的想象度过一个个难挨的日子，最后终于熬到了出狱。

试想，当初王阳明如果受不了各种磨难挫折、冤枉委屈，早已和戴铣等人一样枉死狱中，何来后面的龙场悟道、阳明心学和不世之功呢？

“人生不如意事十之八九”，这是古德在总结了历朝历代人类生活状态后所做的大体分析。就是说一个人的一生，不如意的时候占去了生命的十之八九，只有十之一二是生活在快乐之中。

不经历风雨，怎能见彩虹？历史上，凡是大人物，大多都有饱经苦难的人生。比如王阳明，他的生命旅程几乎就是“人生不如意事十之八九”的真实证言，但他在面对苦难时能保持正向的思考，能“常想一二”。最后，他超越了苦难，苦难便化为生命中最肥沃的养料，为日后智慧莲花的盛开做好了准备。

同样是失意，一个人可能深陷其中不能自拔，另一个人可能从中奋起，走向辉煌的前程。儿时的贫穷是失意，但它也是财富，使人从小就体会到人生不易。“咬得菜根，则百事可做”，苦中作乐，以苦为荣，这正是一种“常想一二”的心境。

生命已经够苦了，如果我们把几十年的不如意事叠加起来，一定会使我们举步维艰。生活与感情陷入苦境，有时是无可奈何的，但如果连思想和心情都陷入苦境，那就是自讨苦吃、苦上加苦了。

要过快乐的人生，就要像王阳明一样，常常想那一二成的好事，这样就会感到庆幸、懂得珍惜，不至于被八九成的不如意所击垮。

苦乐人生，一切均是造化。我们喜爱欢乐，却无法拒绝苦难；倘若没有苦难的对应存在，如何才知道珍惜欢乐的价值？原来，决定生命品质的不是“八九”，而是“一二”。

最后，赠大家一首唐代黄蘗禅师的《上堂开示颂》：

尘劳迥脱事非常，紧把绳头做一场。

不经一番寒彻骨，怎得梅花扑鼻香。

好事坏事，终成往事

有一个渔夫出海打鱼，碰到了暴风雨，只捡回来一条命，渔船和渔具全部沉入了大海。

回来后，大家伙看到渔夫的狼狈样，皆放声嘲笑。有人故意去逗渔夫：“哟，出个海还遇到这么大的坏事了呀！”

面对众人的嘲讽，渔夫只淡淡说了一句：“不是坏事，只是往事。”

渔夫丢失了谋生的工具，也没有什么其他本事，不知道去做什么好。听说当地在征兵，他尝试了一下，结果被成功征上，入了军队，并且因为航海能力出色，立了很多次功，成了海军上校。

多年后，他退休了，他的小孙子问他：“爷爷，我听奶奶说，你这一生，前半辈子是个渔夫，后半辈子成了英雄。那爷爷你到底是遇到的好事多一点，还是坏事多一点呢？”

他只是淡淡说了一句：“好事坏事，终成往事。”

昨日忧事乱我心，转瞬皆成过往；蓦然回首处，早没了旧事踪迹，徒留怅惘。人生路上，无论多么风光或多么糟糕的事，一天之后便会成为往事，何必太在乎呢？

往日的欢乐已过去，再怎么留恋也无法在今天重现；过去的痛苦再一次回顾，也只能徒增无谓的烦恼和忧伤。

孔子曰：“成事不说，遂事不谏，既往不咎。”凡是已经做过的事，就不必说了；已成定局的事，就没必要再去匡正、挽回了；过去的事，就没必要再去追究它的得失与责任了。

假若你无法切割过往的阴影面积，就会时常想起创伤、失败和挫折，永远都无法释怀。人生有三大悲：怨憎会，爱别离，求不得。它们共同的对治之道就是“活在当下”。

建议各位，把过去的悔恨、失误、不舍写在纸片上，一张一张写上去，然后走到河边，一片一片扔到河里，并对自己说：过去的事情都过去啦，就让它们流向远方吧！

《佛说善夜经》中说：“过去诸法不应追念，未来诸法亦不希求，现在诸法勿生染着，如是行者名真解脱。”过去的一切不应该念念不忘，未来的一切不应该刻意追求，现在的一切切不可生出执着之念，能做到这一切，才是真正的解脱。

幸福就像你身后的影子，你追不到，但只要你往前走，它就会一直跟着你。无论碰到什么，请务必保持宽谅、喜悦的心。

最后，赠大家一首元代石屋禅师的《山居诗》：

过去事已过去了，未来不必预思量。
只今便道即今句，梅子熟时栀子香。

请别贱卖了自己的福报

有位大学教授搭农夫的船渡河。在船上，教授看农夫穿着朴素，便问他：“你懂哲学吗？”农夫答：“不懂。”教授感叹：“那你将失去六分之一的生命。”

教授又问：“你懂数学吗？”农夫答：“不懂。”教授又感叹：“那你将失去六分之四的生命。”

他又问：“你懂历史吗？”农夫答：“不懂。”教授说：“你将失去六分之五的生命。”

这时，一阵狂风吹来，把小船吹翻了。

农夫问教授：“你懂游泳吗？”“不懂。”“那你将失去六分之六的生命。”农夫说。

自以为聪明、无所不知的教授，在最起码的生存技能面前栽了跟头。

世上的聪明人不多，估计十中有一；而智者就更罕见，估计百中无一。聪明人渴望改变别人，让别人顺从自己的意志；而智者多能顺其自然。因此，聪明人的人际关系容易紧张，而智者的人际关系都很和谐。

在现实生活中，不吃亏的是聪明人，能吃亏的是智者。聪明多数是天生，得益于遗传；而智慧更多靠的是后天的修行。聪明的人，喜欢占便宜；有智慧的人，懂得吃亏是福，从不计较太多，吃了点亏，一句“阿弥陀佛”，消业障，积福报。

人最优秀的品质有两种，那就是善良与智慧。智慧若是与善良结伴，那便是大智慧；智慧若是被私心所困，那就只能是小聪明。

小聪明者一般脑子很灵光，凡是涉及切身利益的问题，小聪明者瞬间能做出反应。正因为小聪明的缘故，这类人不可能具备大智慧。他们目光短浅，心胸狭隘，私心甚重。他们的思维模式往往以“我”为核心，在从事社会活动时，自身的利益和得失永远摆在第一位。

比如同事们一起做一件事，如果出了差错，或者领导不满意，在这个“关键”时刻，小聪明者会一推六二五，把自己洗得干干净净，领导训谁那是领导的事。即使责任在自己，小聪明者也会瞎编一套说辞保护自己，把同事抹黑得一塌糊涂。

古人这样形容耍小聪明的人：缺斤少两，少一两，少福星；少二两，少禄星；少三两，少寿星。一斤少了三两，福禄寿都没了。所以，耍小聪明牟取蝇头小利，等于是在贱卖自己的福报。

《法句经》中有这么一句话：“无乐小乐，小辩小慧；观求大者，乃获大安。”耍耍小聪明，只能得到一些小乐，甚至得不到快乐；只有发大心，利益一切众生，才能获得大安乐。

最后，送大家一首藏头诗：

大象无形道上行，智空慧定梵心清。

若尘三界浑无挂，愚者方能自在明。

不完满才是人生

2018 年 3 月 14 日，物理学家霍金先生去世。这位在轮椅上度过大半生的老人，拓展了人类的知识领域，把我们的目光向宇宙更深处延伸。

著名作家高尔基说过：“在自然剥夺了人类用四肢走路的本领时，它就给予他一根拐杖，那就是理想。”而霍金无疑为这句话做了最完美的诠释。

人们深受感动的，并不是霍金所遭受的苦难，而是他直面苦难时的坚守、乐观和勇气。人生如花开花谢、潮涨潮落，有得便有失，有苦也有乐；谁总以为自己失去太多，总是受到这个意念的折磨，谁才是真正不幸的人。

国学大师季羡林曾说：“每个人都争取一个完满的人生。然而，自古及今，海内海外，一个百分之百完满的人生是没有的。所以我说，不完满才是人生。”

人生就是一个发现缺陷然后去填补的过程，正如中国的文学故事，往往都有一个“错误”的开始，如果事物本身不错又不缺，一切情节便无从衍生，人生的悲欢离合亦无从上演。

正如没有缺陷就没有故事一样，没有故事的人生，是机械、封闭、枯燥的，只有什么都不做的人，才不会犯错。事实上，正因为有缺陷，才带来了人生的多样化和可塑性，也带来了生活的动力。

“曲径通幽处，禅房花木深。”曲径才能通幽，才能见到更深远的美景；笔直的大路固然畅通无阻，可又有什么值得徘徊留恋呢？太过完美的人生，你不觉得无趣吗？

过失与缺憾本就是人生的一大组成部分，只有经历过无数次的过失与缺憾，才能在风雨之后看到彩虹。

不完满才是人生，并不是说我们不需要追求完美的事。人的存在在于不完美，而人的追求理应是完美。人生境界还有一个层次，那就是经过奋斗，把不完满变得完满些。只豁达而不奋斗，就成了玩世不恭，那才是彻底的失败者。

世界正是因为诸多缺陷的存在，才成就了更多的美丽。完美亦是缺，有缺亦完美，何来相区别？

最后，送大家一首宋代诗人蔡襄的《十三日吉祥院探花》：

花未全开月未圆，寻花待月思依然。
明知花月无情物，若使多情更可怜。

性子急的人，请缓缓

从前有个年轻的农夫，即将与村里最美丽的姑娘约会。但小伙子性急，来得太早，又没耐心等待。焦躁不安的他无心观赏田野间的春色，躺在大树下闷闷不乐。

忽然，他面前出现了一个侏儒。“我知道你为什么不开心。”侏儒说，“拿着这纽扣，把它缝在衣服上。你等得不耐烦的时候，只消将这纽扣向右一转，你就能跳过时间。”

这很合农夫的胃口。他握着纽扣一转，最美丽的姑娘已出现在眼前，还朝他送秋波。真棒啊，他心里想，要是现在举行婚礼，那就更棒了。他又转了一下，隆重的婚礼，丰盛的酒席，他和情人并肩而坐。

接下来，他心中的愿望层出不穷：我们应有座房子，他转动纽扣，房子一下子出现在他眼前，宽敞明亮。我们还缺几个孩子，他又迫不及待地转动纽扣，日月如梭，膝下已儿女成群。

农夫就这样，只要对未来有所求，便转动纽扣，飞越时间。生命就这样从他身边疾驶而过，还没有来得及思索后果，他已老态龙钟，衰卧病榻。至此，他再也没有要为之转动纽扣的事了。

回首往日，农夫猛然醒悟：即使是等待，在生活中亦有意义。他多么想将时间往回转啊！他握着纽扣，试着向左一转，空间震荡，他从梦中醒来，睁开眼，自己还在那棵生机勃勃的树下等着村里最美丽的姑娘。

每个人都希望拥有成功快乐的人生，关键就在于你有没有给自己足够的时间。我们常说生活是一门艺术，而艺术是讲究创造与欣赏的，它需要你花费时间和心思去体验。

缺乏耐心的人不懂得用时间去“消化”生活中遇到的事物，就像囫囵吞枣一样，他们不知道活在当下，品味生活给予的营养，就急着去干下一件事。如此一来，根本无法欣赏和享受身边美好的人和事。

时下社会，像农夫一样不能忍受等待的人越来越多。许多人都是想要的东西立即就要得到，这种心态反映出一种对物质、时间和环境的强烈支配欲。

寂天菩萨说：“愚人欲求乐，反行痛苦因。”凡夫本来寻求的是快乐的果，但所做所行却都是产生痛苦的因。趋乐避苦、索求无度、快节奏、快生活、爱得死去活来，这些拿青春赌明天的行为，就像农夫转动纽扣一样，加速了自己的衰老。

在浮躁的社会中，心灵的不平静形诸于外，每个人都在物质的大潮中随波逐流，而不能平静地对待生活乃至生命。《大学》云：“知止而后有定，定而后能静，静而后能安，安而后能虑，虑而后能得。”等待是一种智慧，更是抓住时机的前提。

最后，赠大家一首宋代白云守端禅师的诗偈：

岭上白云舒复卷，天边皓月去还来。
低头却入茅檐下，不觉呵呵笑几回。

关系再好，也别走得太近

生物学家曾做过一个实验：把十几只刺猬放到户外空地上，这些刺猬被冻得浑身发抖，为了取暖，它们只好紧紧靠在一起；而靠拢后，又因为忍受不了彼此身上的刺，很快就分开了；可天气实在太冷了，它们又靠在一起取暖；然而，靠在一起时的刺痛使它们不得不再度分开。

挨得太近，身上会被刺痛；离得太远，又冻得难受。就这样反反复复，分了又聚，聚了又分，不断在受冻与受刺之间挣扎。最后，刺猬们终于找到了一个适中的距离，既可以相互取暖，又不至于被彼此刺痛。

这就是“刺猬法则”，也是人际交往过程中的“心理距离效应”。人世间很多矛盾，都是因为违背了刺猬法则。那些好得一塌糊涂的朋友，那些如胶似漆的恋人，那些“穿一条裤子”的创业者，最后往往各奔东西。

弘一大师晚年时写有一首偈语：“君子之交，其淡如水。执象而求，咫尺千里。”人和人的感情，淡淡的就好，这样的关系，能够长久维持。如果两人关系浓如蜜，往往离分开也就不远了。老子说：“大曰逝，逝曰远，远曰反。”如果感情一直升温，定会降温，这是客观规律。

有两个农民，关系很好，他们决定把菜种在一起。但菜挤在一片地里，种了没多久就枯萎了。于是两人互相埋怨，怪对方的菜占用了自己的空间。两人由此心生芥蒂，关系就逐渐疏远了。

人和人之间，跟种菜一样，不要挨得太近。感情再好，也需要距离；关系再亲，也要有自我。人生如尺，要有度；感情如面，别越界。人和人之间离得太远，关系就淡了；可靠得太近，恩恩怨怨就来了。

无论你多么伟大和了不起，如果有一个人整天陪着你吃喝拉撒，和你一起讨论柴米油盐，完全融入你的生活起居，时间长了，你在他眼里和一个凡夫俗子没什么两样，再大的功德也会被冲淡。

一旦两个人之间没有了任何距离，就不再分你我；恩惠一旦变成恩宠，交情的性质就开始变化了，曾经喜欢得多深，最后伤得就有多深。

交情是一杯清水，需要冷热适中。不冷不热，喝下去感觉最舒服。

最后，送大家一首明代诗人陈献章的《寄太虚上人》：

太虚石洞居，孤绝少人依。
远客携琴至，逢师乞食归。
一莆青草上，四面白云飞。
尽日无言说，岩花落满衣。

以简驭繁的智慧

1961 年，美国宇航局首次将宇航员送上太空，但他们很快接到报告：宇航员在失重状态下，用圆珠笔和钢笔根本写不出字来。于是，他们用了十年时间，花费了数亿美元，终于发明了一种新型圆珠笔。这种笔适用于失重状态、身体倒立、水中、任何平面物体，甚至在零下 300 摄氏度也能流畅书写。当美国人向俄罗斯人炫耀时，却发现俄罗斯人在太空中一直使用铅笔。

虽然这则故事后来被证明是子虚乌有，仅仅是一个段子，但大部分人在读完故事后都有醍醐灌顶的感觉：原来那么复杂、那么高科技的问题，可以用这么简单的办法解决。当我们习惯于用各种科学手段解决问题的时候，却丢失了最初的本真。

很多时候，对治人生各种疑难杂症的根本方法，就是恢复我们的“本来面目”。人生的繁出于惑，我们要学会以“智”抗拒诱惑，以“慧”解除困惑。不惑，才是人生以简驭繁的智慧。

繁华褪尽，才能返璞归真。在我们心安理得地享受完各种科技进步带来的方便快捷之后，惊奇地发现人的能力正在一点点地退化：电脑、手机用多了，对文字的敏感度和认知力下降；洗衣机、吸尘器等电器用多了，一些原本轻而易举的体力劳动做起来笨手笨脚；电子传媒的兴盛导致书籍阅读的衰落，使我们的想象力和创意日益下降……

当你在某一方面拥有太多的时候，在另一方面可能就要付出相应的代价。去除那些对于我们来说是冗繁、多余的外在物质，将这些外在物质给予那些更需要的人，这对于我们来说不是失去，而是收获，我们的内心会因为外在冗繁的剔除而实现真正的丰盛。

舍得舍得，有舍才有得。都说人生需要做加法，但在很多情况下，更需要的是做减法。将复杂的生活简单化，是生活的真谛；让沉重的人生随着悠闲的节奏跳舞，是人生的本源；让复杂的思想返璞归真，是修行者最高的境界。

大道至简，人生亦简。简不是物质的贫乏，而是精神的自在；简不是生命的空虚，而是心灵的纯净。洗尽铅华，方知归路。

最后，赠大家一首宋代大慧宗杲禅师的偈颂：

冲开碧落松千尺，截断红尘水一溪。

不识本来真面目，将谓人题德峤诗。

不自欺，不欺人，不欺世

明代思想家王阳明认为："唯天下之至诚，然后能立天下之大本。"在他看来，"诚"是一个非常重要的字。做事情，必须要先有诚意，然后才能在事物上格致，否则就会无从下手。所以，做任何事情都要讲究一个"诚"字，这个"诚"是发自内心的真诚、坦白。

在王阳明看来，真正有大智慧的人都是以诚为本的，诚就是不自欺、不欺人、不欺世。而那些"聪明人"，与诚相反，以巧诈为本，所谓的聪明都成了获取利益的手段。所以，王阳明在家训中告诫后辈："毋说谎，毋贪利。"人如果做不到"诚"这个字，那么他的智慧很容易堕落为一般的小聪明。

《韩非子》中说："巧诈不如拙诚。"在这一点上，王阳明与韩非不谋而合。

我们经常谈到智慧和聪明的区别，一个人可能很聪明，却不一定有智慧。聪明是在我们的心思里，但智慧主要是在我们的心灵中。智慧与聪明之间，有迷悟之别、染净之别。

聪明是一种生存能力，而智慧是一种生存境界。聪明靠耳朵，靠眼睛，所谓耳聪目明；而智慧靠心，慧由心生。

聪明人活在光环之下，而大智慧者本身就是一个发光体。现实生活中，不肯吃亏的是聪明人，愿意吃亏的是智者。

聪明人善于处世，因左右逢源而显得热闹；智者因甘于淡泊而显得冷清。前者赚来的是一时的人缘，后者赢得的是长久的人心。

聪明人能说会道，咄咄逼人；智者辩才无碍，但柔和如风，以不争而达到无所不争。

聪明人能把握机会，知道自己什么时候该出手；而智者知道什么时候该放手。所以，拿得起的是聪明人，放得下的是智者。

聪明是世间法，是我执私欲的，是无明的，是业障流露而不自觉的；智慧是出世间法，是清净光明的，是灵灵觉觉的，是证悟人生观与宇宙观的宝藏。智慧与真相一体，智慧是佛。

明白一切事相叫作“智”，洞悉一切事理即为“慧”。般若如水，能涤净一切烦恼污垢。

聪明本不是坏东西，但它可能反被聪明误，我们应该通过实践把聪明转化为智慧，在智慧的基础上行动，才能事半功倍。转变的前提，就叫作修行。

最后，赠大家一首宋代永明延寿禅师的诗偈：

欲识永明旨，门前一湖水。

日照光明生，风来波浪起。

烦恼不过夜，尽饮忘忧水

师父问徒弟："你抬头看到什么？"

徒弟答："天空。"

师父说："天空很大，但我可以用一只手遮住整个天空。"

徒弟不相信，于是，师父用手掌遮住了徒弟的双眼，说："你还能看见天空吗？生活的烦恼就像这只手掌，它很小，你若放不下，总是拉近挡在眼前，看到的就只是烦恼；你若放下了，看到的将是无限的人生美景。"

苦非苦，乐非乐，只是一时的执念而已。执于一念，将受困于一念；一念放下，会自在于心间。禅者处世，最大的智慧就是"放下"。我们的烦恼源于执着，其实执着如写在沙滩上的字，海水一冲就流走了，缘起性空才是一切的实相。

放下才能去烦，忘记才能心宁，宽容才能得众。一位哲人说过："快乐之道无他，就是自己力所不及的事不要去忧虑。"善忘能使人坦然、恬淡地面对生活，从而永葆愉悦健康的身心。

《庄子》中有这样一段话："忘足，履之适也；忘要，带之适也；知忘是非，心之适也。"意思是，如果忘记了脚的存在，那么鞋子穿在脚上就很合适；如果忘记了腰的存在，那么系在身上的腰带就很舒适；如果忘记了是非纠纷、恩怨情仇，那么你的心就适应了外界的环境，变得坦然平静了。

禅宗四祖道信大师在《方寸论》中说："一切烦恼业障，本来空寂；一切因果，皆如梦幻。无三界可出，无菩提可求。人与非人，性相平等。大道虚旷，绝思绝虑。"人间一切不过是梦幻泡影，即使生有可执，死也要饮忘川之水；前尘往事不过杯水可解，纯净而来，纯净而去。

再大的伤痛，睡一觉就把它忘了。背着昨天追赶明天，会累坏了每一个当下。边走边忘，才能感受到每一个迎面而来的幸福。

如你懂得，不如善忘。

最后，赠大家一首清末诗人俞明震的《天竺》：

言从天竺寺，偶步下云房。
新雾铃声活，晨炊松叶香。
片云驻灵石，一鸟答松篁。
檐卜花仍在，禅心但坐忘。

画鬼易，做人难

《韩非子》中有这样一个故事：

画师给齐王作画。

齐王问："天下什么东西最难画？"

画师曰："画狗、画马最难。"

齐王又问："画什么最容易？"

画师答："画妖魔鬼怪最容易。"

齐王问何故。画师说："狗和马是人人都熟悉的动物，随时可以看到，不能任意虚构，要想画得神似很困难；而妖魔鬼怪这些东西，并没有具体的形象，谁都没有见过它们，想怎么画就怎么画，所以画起来最容易。"

画狗、画马至难而画鬼易，狗、马人人知晓，画得不像就会穿帮；画鬼则不同，因为得不到证伪，故画鬼者尽可迎合大众好奇心，添油加醋，招摇过市。我们说话办事，与此道理相通：胡说八道、胡编乱造，容易；真实、客观，则非易事。

达·芬奇画鸡蛋的故事人人知晓。他画鸡蛋不是一次次地乱涂鸦，而是脚踏实地、不厌其烦地苦练基本功，最后才成为赫赫有名的画家。艺术创作与人生修养相通，需要踏踏实实去做，是从万千实践中得出经验的一个"画马过程"。它不一定最精彩，但一定诚实、客观、有效。

无论出于何种目的，我们都要恪守诚信，谨言慎行，避免“画鬼”，断除虚妄。人的舌头小，但造的业很深，口业为“患苦之门，祸累之始”。正因口业重如山，所以不妄语是佛教基本戒律之一。一个人说了一句谎，为了掩饰，就要说上一百句谎，口业越积越深。

我们学佛、修行，说话、做事都要三思而后行，切勿颠倒是非知见，应依佛法，修正自己偏差的知见和行为，自利后而乐于真诚地去利人，即为诚信。

最后，送大家一首元代天如惟则禅师的诗偈：

纸上传来说得亲，翻腔易调转尖新。
世人爱听人言语，言语从来赚杀人。

不快乐，是因为太聪明

第二章
『我』是个什么东西

2

不该享的福，不该吃的苦

寺院里来了一位衣着光鲜、气宇不凡的大亨，他向住持请教一个问题：“人怎样才能清除自己的欲望？”

住持微微一笑，折身进内室拿来一把剪子交给大亨，说道：“您只要能每天反复修剪灌木，欲望就会消除。”大亨疑惑地接过剪子，走向院子里的一丛灌木，咔嚓咔嚓地剪了起来。

过了一会儿，住持问他感觉如何。大亨笑了笑，说：“感觉身体舒展轻松了许多，可是日常堵在心头的那些欲望好像并没有放下。”

住持颔首道：“刚开始是这样的，经常修剪就好了。”

大亨走的时候，跟住持约定十天后再来。十天后，大亨来了；十六天后，他又来了……三个月过去了，大亨已经将灌木修剪成了一只初具规模的“兔子”。大亨告诉住持，自己每次修剪的时候，都能够气定神闲，心无挂碍；可是一离开寺庙，所有欲望依然像往常那样冒出来。

住持笑而不言。当大亨的“兔子”完全成型之后，住持又向他问了同样的问题，得到了一样的回答。

这次，住持对大亨说：“施主，你知道为什么当初我建议你修剪灌木吗？我只是希望你每次修剪前都能发现，原来剪去的部分，又会重新长出来。这就像我们的欲望，你别指望它会完全消失。我们能做的，就是尽力把它修剪得更美观。放任欲望，它就会像疯长的灌木，丑恶不堪。但是，经常修剪，就能让它成为一道悦目的风景。对于名利，只要取之有道、用之有道、利己惠人，它就不应该被看作是心灵的枷锁。”

大亨恍然大悟。

人是血肉之躯，更为意念之灵，欲生乎体，情发乎心。如果你没有欲望，你就不会到人间来，也不会到六道里轮转。六道众生统统有欲望，正所谓“情不重不生娑婆，爱不深不堕轮回”。

人不可无欲，亦不可纵欲。烦恼和痛苦从哪里来？就是因为我们所欲无限，而我们所能有限。每一次任性的“我不管，我就要”之后，都可能跟着难以承受的“我好苦，我活该”。你享了不该享的福，就得吃不该吃的苦。

多数时候，我们心里非常清楚自己不该做什么，只是欲望升起，心就着了魔，会忍不住不顾一切地去满足自己的一时之需。而有智慧的人，并不存在真正“忍不住”的事，关键看你对自己要付出的代价有没有明确的判断。

如果你知道这盘肉有毒，吃下去就命不久矣，你肯定能忍住不吃。所有因“忍不住”而犯下的错，都是因为那个代价不明晰，或者你有意回避，于是纵容自己被欲望驱使，去获得一时的满足。

“苦、集、灭、道”是佛教四圣谛。佛法认为，我们的一生充满了痛苦（苦），痛苦的原因是我们有欲望（集），要想消灭痛苦就要斩断欲望（灭），斩断欲望的方法就是道（道）。

如何解脱痛苦？出路只有一条：修剪欲望，收回自己的心。因为欲由心生，外人没法真正管束你，外在的事物也无法真正局限你，是你的欲望在疯长，是你的心在无休止地向外攀缘。

欲望本身不是罪过，人的欲望很难不滋长，人的心很难不攀缘。你可以探索，可以拓展，可以进取，可以不达目的誓不休。但是，如果有的景色还是看不见，就只能收回你的目光；如果有的东西还是够不着，就只能收回你的双手；如果有的欲望还是满足不了，就只能收回你的心。

当你这么去做的时候，你就会发现自己能很好地与欲望相处了。

最后，赠大家一首《大智度论》中的诗偈：

诸欲求时苦，得之多怖畏，
失时怀热恼，一切无乐时。

怕什么来什么，怕什么修什么

小和尚问老和尚："师父，一个人最害怕什么？"

"你以为呢？"老和尚含笑看着徒弟。

"是孤独吗？"

老和尚摇了摇头："不对。"

"那是误解？"

"也不对。"

"绝望？"

"不对。"

小和尚一口气说了十几个答案，老和尚一直摇头。

"那师父您说是什么呢？"小和尚没辙了。

"就是你自己呀！"老和尚说，"孤独、误解、绝望等等，都是你自己内心世界的影子，是你自己给自己的感觉罢了。你对自己说'这些真可怕，我承受不住'，那你就真会害怕。同样，假如你告诉自己'没什么好怕的，只要我积极面对，就能战胜一切'，那就没什么能难得倒你。一个人若连自己都不怕，他还会怕什么呢？"

佛说人有八苦，前有生老病死苦，后有爱别离、怨憎会、求不得、五阴炽盛。

这人生八苦，各人所欲不同，所苦亦有别。哪一味苦会让你如鲠在喉、深深惧怕呢？

生活中，我们总想追求顺境，逃避逆境。顺利了就高兴，遇到坎坷了就难过，这叫“动心”。佛说，一切平等，好事坏事平等，顺境逆境平等……顺境和逆境，好事和坏事，都是成就自己的助缘，都是修行过程中必须要经历的，我们不必刻意去追求或逃避这些。

《心经》中说：“无挂碍故，无有恐怖。”要做到“无挂碍”，就得常问自己：是否不争、不贪、不求、不自私、不妄语？如果有，就要生起惭愧心，忏悔业障。忏悔干净了，来了也不怕。既无挂碍，就没有得或失的不安与恐惧；既无是非，就没有是非与否的焦虑或迷惑；既无高下，就没有大小评判的分别与差异……如此，才能完全摆脱恐惧的阴影，生命不再是一个囚笼或苦聚，而成为无尽的幸福与喜悦，而这所有的关键，都在于心。

心晴的时候，雨也是晴；心雨的时候，晴也是雨。或许我们无法改变人生，但我们至少可以改变人生观；或许我们无法改变风向，但我们至少可以调整风帆；或许我们无法左右事情，但我们至少可以调整自己的心态。

回到最初的问题：人生八苦，你最怕哪一苦呢？我的回答是：怕我心中与生俱来的那个“怕”。

最后，送大家一首宋代无门慧开禅师的诗偈：

春有百花秋有月，夏有凉风冬有雪。
若无闲事挂心头，便是人间好时节。

你能耐住几分寂寞？

武汉新闻界有位总编，学养深厚，领悟力惊人，文章更写得别具一格，如果精研学术，一定会学有所成。可他到了中年，却选择了仕途。后来，他得了重病，新闻界的很多学生后辈去探望他。他一脸懊悔地说："后半生这二十年，我走错了路！我是个书生，性子又腼腆，其实很不适合搞行政，做得很累，还弄得很多同事对我不满意。如果我一直做学问，兴许会给后人多留点东西……"

人与人之间，最初的条件都很相似，不同的就那么一点点。这一点点，就是后天的自我克制能力。在芝麻与西瓜之间，你一定得明白什么是明智的选择。如果某种诱惑能满足你当前的需要，但却会妨碍你获得更大的成功或更长久的幸福，那么就请你凝神静气，克己自律，站稳立场，耐住寂寞。

人的一生，个人定位很重要。选准了方向，就需要耐得住寂寞，百折不回。只有这样，你才能集中精力，在自己擅长的领域做出成就，从而实现人生的价值。

但凡成功之人，往往都要经历一段没人帮助的岁月。而这段时光，恰恰是沉淀自我的关键阶段，犹如黎明前的黑暗，挨过去，天也就亮了。所谓千里马，不一定是跑得最快的，但一定是耐力最好的。

生命旅程中，任何人都不可能摆脱寂寞。寂寞使空虚的人孤苦，使浅薄的人浮躁，使睿智的人深刻，上苍恰恰是用寂寞来激发其创造的潜能。

虽然现代社会物欲横流，诱惑多多，对耐得住寂寞提出了前所未有的挑战，但在节奏加快、竞争加剧、生存压力空前的当今社会，要想安身立命，必须耐得住寂寞，因为只有耐得住寂寞方能不寂寞。

佛法修行中强调，除了最初一念果决的“道心”，还要有恒持的“道力”。修行不是当下即能成就的事，特别是对于过往的习气，往往需要更大的智慧、毅力去调伏以至超越，才能在未来经历种种考验时见关过关。

古往今来的高僧大德，都是耐得住寂寞的人。他们可以长年伴孤灯夜读，深入藏经阁一读就是好几年，给自己制定几种功课，几十年如一日地坚持，从不间断。人这一生，正是通过对自我欲念的不断调控，才显现出人性的不同与智慧。功名利禄皆浮云，耐得住寂寞，才能升华自己。

最后，摘一段唐代诗人白居易的《念佛偈》赠予大家：

余年七十一，不复事吟哦。
看经费眼力，作福畏奔波。
何以度心眼，一句阿弥陀。
行也阿弥陀，坐也阿弥陀。
纵饶忙似箭，不废阿弥陀。
日暮而途远，吾生已蹉跎。
旦夕清净心，但念阿弥陀。

为何团团转，皆因绳未断

唐朝时，有一位在家居士去禅院听云门文偃禅师讲禅。在路上，他看到了一件有趣的事，想以此考考文偃禅师。来到禅院，他与文偃禅师一边品茗一边闲聊，然后他冷不防地问了一句：“什么是团团转？”“皆因绳未断。” 文偃禅师随口答道。

居士见文偃禅师对答如流，诧异地说：“你怎么会知道呢？我今天在来的路上，看到一头牛被绳子穿了鼻子，拴在树上，这头牛想离开这棵树去吃草，谁知它转来转去都不得脱身。我以为师父既然没看见，肯定答不出来，哪知师父出口就答对了。”

文偃禅师笑道：“你问的是事，我答的是理；你问的是牛被绳缚而不得解脱，我答的是心被俗务纠缠而不得超脱。一理通百事啊！众生就像那头牛一样，被许多烦恼痛苦的绳子缠缚着，不得解脱，皆因绳未断。”名是绳，利是绳，欲是绳。人生八苦，至苦不过“求不得”，皆因这欲望之绳斩不断，理还乱。

生活中，很多人被“求不得”所累。十年寒窗，难保金榜题名；苦心经营，可能入不敷出；处心积虑，不免错失良机；海誓山盟，最终劳燕分飞。老天爷有时就喜欢开玩笑，你越想要什么，他就越不给你什么。

人啊，莫说“求不得”，即使第一个愿望求得，第二个愿望又会立即生出来。山谷易满，人欲难平，谁会认为自己一切都满足了呢？不满足，即有所求，求而不得，岂不苦恼？我们渴望幸福，但却因为无知，一直在创造面对痛苦的因素。所以佛陀说，这个世界上的众生，要么在忍受痛苦，要么在制造痛苦的因素。尤其是现代人，欲望不断升级，但凡心有所求，必有所苦。

以佛法的智慧来看，我们欲求的一切善乐果报能否实现，取决于我们是否种下了相应的善因。如果没有前世和今生的福德因缘，即便是果腹这样低微的所求也很难如愿以偿。怎样才能播下善因，离苦得乐？《入菩萨行》云："别的善业犹如芭蕉树，结了一次果即会枯萎；菩提心这宝树结了果，永不耗尽，反而会增长。"

菩提心，即自觉觉他的心，自利利人的心，是上求佛道、下化众生的大愿心。上求佛道，是启迪智慧，是自利；下化众生，是培植福德，是利人。

菩提心也是觉醒的心，就是不想再沉睡，不想再流浪生死，不想继续在六道轮回中承受苦痛，从而在内心中生出一种厌离之心。一般人身陷苦中却不会去"厌"，要么怨天尤人，要么苦中作乐，要么苦不以为苦，麻木不觉。只有在正念正知下生起大智慧的人，才会生起厌离心。

如果一下子从上求佛道、下化众生这样的高度来发菩提心，常人很难办到，那么，就从当下厌离娑婆世界的苦开始吧。

八苦煎熬，不念弥陀更念谁？

最后，摘一段清代彻悟禅师的偈语赠予大家：

> 说着莲邦雨泪垂，阎浮苦处实堪悲。
>
> 世出世间思惟遍，不念弥陀更念谁。

人活着究竟是为了什么？

大热天，太阳很毒，寺院里的花儿在烈日下渐渐没了精神。等到傍晚，小和尚和老和尚来给花儿浇水，发现那些花儿已经被晒得不成样了。小和尚心疼地说："看来这花是救不活了。"

老和尚并不言语，只是给花儿浇水。没多久，那些耷拉着脑袋的花朵，居然全抬起头来，焕发了生机。

"天哪！"小和尚喊道，"它们可真厉害，被晒了一天还能强撑着不死。"

老和尚笑了，说："不是强撑着不死，而是好好活着。"

"这有什么不同呢？"小和尚歪着脑袋问。

"当然不同。"老和尚拍拍小和尚的肩膀，"一天到晚怕死的人，是强撑着不死；每天都向前看的人，是好好活着。得一天寿命，就要好好过一天。那些因为怕死而拜佛烧香的，死后未必能成佛。你想，他本应今生好好活着，却偏不好好过，老天何必在他死后给他更好的日子？"

生命诚可贵，这是人类社会永远的共识。佛教讲"人身难得"，就是充分肯定人的生命价值。我们来到这个世界很不容易，如何活好，如何活得精彩，这是每个人的憧憬，所以佛法既要让人活得有意义，更要让人知道如何活出精彩。这是佛教

弘法寺 · 千菩萨殿

般若波羅密多心
觀自在菩薩行深般若
密多時照見五蘊
切苦厄舍利子色
不異色色即是空空即
受想行識亦復如是舍
是諸法空相不生不
不淨不增不減是故空
色無受想行識無
身意無色聲香味
界乃至無意識界
無無明盡乃至無
老死盡
無苦集
滅道無
智亦無
得以無
所得故

弘法寺 · 心经墙

交给人类社会的答卷，也是我们所面对的重大人生问题。

本我是善良的。每天早晨都会有太阳升起，每天傍晚都会有太阳落下，这就是太阳的轮回。今天的太阳和明天的太阳一定不一样，因为天气不一样，时间不一样，这就是太阳的自我属性。但太阳永远是太阳，即使是阴雨天，云层的背后还是阳光灿烂，这就是太阳的本我。人也是一样，要让自己的本我觉醒。

活着是一种经历，一种感知和反观的经历。不是趋乐避苦，而是感知。当快乐来临时，你大笑着欢迎，“你好，快乐”；当痛苦来临时，你微笑着点头致意，“你好，痛苦”。之后，你会渐渐明白，生命的真实不过是一种平静的满足而已，所有的快乐和痛苦只是过眼烟云，如旅途中必见的云与风。

没有什么是永久的，即使是生命本身。存在不需要理由，存在的就是合理的。人活着是为了什么？是为了对生的感恩。生，就是爱，一种对生命、对活着的爱，我们要懂得并感恩。

人活着的目的，就是完成自己的正常生命，并在过程中升华自己的心灵，离苦得乐，利乐众生。一切皆空，但自性不空，真空不碍妙有，妙有不碍真空。

最后，摘一段唐代永嘉禅师的《证道歌》赠予大家：

绝学无为闲道人，不除妄想不求真，
无明实性即佛性，幻化空身即法身，
法身觉了无一物，本源自性天真佛，
五阴浮云空去来，三毒水泡虚出没。

面对自己，尊重自己

一位大学教授在某次演讲时拿出了 20 美元，他问台下的学生谁要这 20 美元，台下的人纷纷举手。

接下来，教授把钱扔在地上，用脚踩了几下，然后又问谁要这 20 美元，台下仍有人举手。

教授说："我如此对待这张纸币，你们依旧想要，是因为它没有因为我的践踏而贬值，它还是 20 美元。人生亦是如此，人生的价值不在于他人的赞扬和批评，而是取决于我们自身。"

这个世界怎么改变并不重要，重要的是我们的内心世界不要陷入外境的迷思。我们常因外境的变化而心生分别：一句好话就如上天堂，一句批评就茶饭无味、辗转难眠。

究其原因，是因为我们非常在意别人的目光，非常想过上别人眼中的那种生活，于是去做自己并不擅长也并不喜欢的事。在不知不觉中，我们的心灵就被一系列的标准和评价给束缚了，找不到自在和自我。

一个让他人的标准凌驾于自己生活之上的人，终其一生也不会幸福。因为在成长过程中未能建立起充分的自我价值，他的潜意识会不断地找寻侥幸、以少博多、不劳而获或者占便宜的机会。贪心、冒险、妒忌、自私、见利忘义，这些都是自我价值不足的表现。

把自我价值分析出来，就是自信、自爱、自尊。先树立起自信，才能自爱；有了自爱，才能建立自尊。

明晰了自我价值，才能明白自己的本心，随时正视自己的内心需求，不因外界的影响而改变本性。

凡夫之所以会产生烦恼、痛苦等不良情绪，皆因我们很容易“着相”（被外境吸引），从而产生妄想、分别、执着，由此迷失自我。如果能识得本性去放下，也就得到了解脱。

命自我立，福自我求。人要自己掌握命运，“以我转物”，才能从被外物奴役的状态中解脱出来，驾驭外物。

人生就像一杯水，纯净、无色透明，盛水的杯子只是一种装饰。无论我们向水中加入糖还是盐，都应适可而止，停下来想清楚，自己真的需要吗？

最后，赠送大家一首唐代洞山良价禅师的《过水睹影》：

切忌从他觅，迢迢与我疏。
我今独自往，处处得逢渠。
渠今正是我，我今不是渠。
应须恁么会，方得契如如。

佛法教我们美容

有一位从事雕塑的手艺人，技艺娴熟，很多人特地登门来买他的雕塑。但他又和其他工匠不一样，喜好雕塑妖魔鬼怪。

有一天，他照镜子的时候发现自己的相貌变得很丑：不是五官发生了改变，而是整个面相显得凶恶、丑陋、古怪。

后来，手艺人到寺庙找方丈求助。方丈说："我可以给你治疗，但你必须先帮我雕刻一尊观音像。"

于是，手艺人就开始不断研究观音的神情、德性和表情，有时甚至到了忘我的境界。半年后，当他把善良、慈悲、宽容形象的观音雕塑出来后，他急忙找到方丈，说："请您务必帮我治病。"

方丈从背后拿出镜子，笑着说："你的病已经好了。"

这时候，手艺人才发现，自己的相貌已经变得正气、端庄了。

相由心生，一个人若是热情洋溢，总是面带微笑，到老了，脸上的纹路也都是慈眉善目的。如果一个人长期不笑，心怀愤怨，则面部表情僵化，没有亲和力，很难让人心生欢喜。

心清净，众相清净。一个人能沉浸在佛法的安详、智慧之中，他遇到任何事情，都不会生气烦恼；他能看清事情的真相，不轻易让外在的相影响到他。内心宁静、安详、慈和，外在的相慢慢也会变得慈悲、善良，即使他长得不好看，但是他的一举一动也会给人带来好感。

你身边也许就有这样的人，他们样貌平平，却在无形中有着一股别样的魅力，让你想要与之接近、放下心防。君子如玉，让人舒服的人就好像一块温润的美玉，他们拥有极富感染力和魅力的“精神颜值”。

有段俗语是这样说的：三十岁之前，你的相貌是母亲给的，无论你长得美与丑，都是你前世的因果；三十岁以后，你的相貌到底端庄不端庄、漂亮不漂亮，是靠你前三十年的修为，靠你自身福报累积出的一种相，呈现出你后半生的生命相状。

你前半生说过的话、做过的事、学到的知识、懂得的经历，无形中都在改变你后半生的长相。

如果想拥有鲜润的双唇，请常说善意的言语；如果想拥有可爱的双眸，请多看他人的长处；如果想拥有苗条的身材，请与饥饿的人分享你的食物。

善念生善相，恶念生恶相。善念起，百乐生。

最后，赠大家一首益世诗偈：

人伦何处定枯荣，先相心田后相形，

心发善端诸福集，时藏毒害祸须生。

在更多的苦痛之外幸福着

作家史铁生曾写道："生病的经验是一步步懂得满足。发烧了，才知道不发烧的日子多么清爽。咳嗽了，才体会不咳嗽的嗓子多么安详。刚坐上轮椅时，我老想，不能直立行走岂非把人的特点搞丢了？便觉天昏地暗。等到又生出褥疮，一连数日只能歪七扭八地躺着，才看见端坐的日子其实多么晴朗。后来又患尿毒症，经常昏昏然不能思想，就更加怀恋起往日时光。终于醒悟：其实每时每刻我们都是幸运的，因为任何灾难的前面都可能再加一个'更'字。"

幸福是一种心态。一个人，若总觉得痛苦不堪，生活不尽如人意，那么他肯定是把幸福的底线划得太高了。期望值过高，欲望太大，结果与现实产生较大差距，于是痛苦便降临了。

俄国作家契诃夫曾说："如果你手上扎了一根刺，那你应当高兴才对，幸亏不是扎在眼睛里。"史铁生的病中感怀，与契诃夫异曲同工，都是一种达观的生活态度和人生智慧。

时下很多有钱人虽然家财万贯，但并不觉得幸福，佛家师父们通常会建议他们去行布施、做慈善。在行善布施的过程中，他们见识到了许多远比他们不幸的人。在帮助这些不幸的人的过程中，你会被人感谢、被人敬慕，这会让你变得更投入，情感也寄托于此，至少在这个过程中，忘掉了自己的不愉快。因为在帮助他人的过程中，你忘我了，自我的幸福标准被淡化了。

还有个例子，现在有些地方的官员培训，主张去三个地方，一是医院，二是监狱，三是殡仪馆。去医院看到那些躺在床上的病人，会庆幸自己还健康着；去监狱看到被管制的犯人，会珍惜自己的自由，不做犯法的事；去殡仪馆看到去世的人，会为自己还活着而庆幸。这些地方的不幸就是生活的对照，提醒人们要知足，要控制自己的欲望，不要把“自我”放得太大。

佛家八正道，其中的正念强调专注于当下，放下自我的执念。正念意味着全心感受生命（即使会有痛苦），对每一种感受和体验都充满喜悦和好奇；正念也意味着任何时候都要保持淡定，只有接受自己的不完美、不如意，才能降服自心，重塑自心。

人生不如意十有八九，如何降服自己心中所执的那些“八九”？当你饥渴难耐时，一碗米饭、一口凉水就是幸福；当你吃饱喝足后，山珍海味、玉液琼浆也成了负担。请勿将幸福的底线划得太高，因为我们每个人都在更多的灾难与苦痛之外幸福着。

最后，赠大家一首唐代诗人郭震的《云》：

聚散虚空去复还，野人闲处倚筇看。
不知身是无根物，蔽月遮星作万端。

聪者观雪，智者见白

拿破仑·希尔是世界知名的心理学大师。有一天，他想聘请一位秘书，于是在多家报刊上登载了招聘广告。

应聘的信件如雪片般飞来。这些信件大都如出一辙，第一句话几乎千篇一律：我看到您在报纸上的招聘秘书广告，我希望可以应征到这个职位，我今年某某岁，毕业于某某学校，我如果能荣幸被您选中，一定兢兢业业……

希尔对此很失望，正琢磨着是否放弃这次招聘时，一份姗姗来迟的求职信，让他惊喜不已，认定秘书人选非此人莫属。

这封应聘信写道："敬启者：您所刊登的广告一定会引来成百上千封求职信，相信您工作繁忙，根本没有足够时间认真阅读。因此，您只需轻轻拨一下信末的电话，我很乐意过来帮助您整理信件，以节省您宝贵的时间。您丝毫不必怀疑我的工作能力与质量，因为我已经有 15 年的秘书工作经验。"

对于这封求职信，希尔总结道："懂得换位思考，能真正站在他人的立场上看待问题、考虑问题，并能切实帮助他人解决问题，这个世界就是你的。"

人是有情感的社会性动物，需要别人的理解。任何交往，只有将心比心，才能相处得长久。所谓高情商，就是懂得换位思考，以责人之心责己，以恕己之心恕人。

学会换位思考，能够帮助我们通过转换认知立场来发现新问题，转念、开慧，克服以自我为中心或先入为主的偏见，打破心理定式，客观、公允地审视事物的实相。

那么，站在对方的角度思考就是换位思考吗？比如把自己的身份从甲方变成乙方，从领导变成员工，从父母变成孩子等等。事实上，这只是理解了换位思考的形式，还未掌握本质，这样的换位思考，有当然比没有好，但还不够。

真正的换位思考是你能用别人的思维去思考，而不是换个位置用你自己的思维去理解别人。用自己的思维理解别人，那只是你自己思维模式的延伸。

如何才能恰如其分地换位思考呢？这里送大家四句话：把自己当成自己，把别人当成别人，把自己当成别人，把别人当成自己。

首先，把自己当成自己。这主要是指不因外界的评价而迷失了自我。有人贬低你的能力，你可能会因此看低自己；有人吹捧你的能力，你可能会因此忘乎所以。那么，到底是谁在控制你的生活？当你得到别人的评论，以为自己找到了精神寄托时，其实你已经不自在了，因为着了相，你活在了别人的意志之下。所以，学会把自己当成自己吧。

其次，把别人当成别人。别人原本就是别人，还用“当成”吗？可仔细想想，我们对待别人的时候，是否会站在别人的立场上？我们是否充分地尊重了每个人的独立性？事实上，每个人胸前都挂着一个隐形的牌子，上面写着：我希望被重视！当父母以你为傲时，当公司因你而发展壮大时，当孩子以你为榜样时，你是怎样一种兴奋与自豪。我们都希望拥有荣誉和别人的尊重，那么首先请你尊重别人，把别人当成别人。

再次，把自己当成别人。人生在世，注定要历经诸多喜怒哀乐之事，只有把自己当成了别人，才能不以物喜，不以己悲。人之所以烦恼，是因为很多时候都太把自己当回事，放不下。与其如此，不妨顺其自然做“别人”。一旦站到他人的角度来审视自己，你会觉得很可笑、很平常。当自己光芒四射时，又有什么值得炫耀呢，别人也能做到；当自己陷入困境时，又有什么可沮丧呢，别人还不是一样，别放在心上。

最后，把别人当成自己。每个人都是平等的，你只有用爱来交换爱，用信任来交换信任。要体验到关爱，首先要把别人当成自己，即对别人施加关爱。如果你是一个冷漠的人，请把别人当成自己，让彼此的心灵变得火热赤诚；当别人遇到挫折的时候，请把别人当成自己，帮助他从挫折中走出来；当别人遇到喜事的时候，请把别人当成自己，和他一起分享快乐与幸福。

修行就在转念之间。学会换位思考，学会顺应潮流，学会适应环境，以平常心对待生活中的荣辱悲喜，好运便会如影随形。

最后，送大家一首台湾作家林清玄先生的禅诗：

白鹭立雪，愚人看鹭，
聪者观雪，智者见白。

清心者，得至福

《道德经》中说："五色令人目盲，五音令人耳聋，五味令人口爽。驰骋畋猎，令人心发狂；难得之货，令人行妨。是以圣人为腹不为目，故去彼取此。"意思是说，五光十色的视觉感受，会让人眼花缭乱产生错觉；杂乱的靡靡之音听多了，听力会变得迟钝；丰美的饮食，使人味觉迟钝。纵情围猎，使人内心疯狂；珍稀的器物，使人行为失常。因此，有道之人只求安饱而不追逐声色之娱，摒弃物欲的诱惑而吸收有利于身心的东西。

世间能清心者，得至福；能寡欲者，受厚报。我们都讲清心寡欲，可是境缘来时，心清净不起来，欲望就是高涨。怎么对治？如何才能做到清心寡欲？

佛门讲"欲转心，先降身；欲降心，先转身"。要降伏心理，就要修炼身体，身心相互影响，相互作用，缺一不可。

淡泊以修心，宁静以修身，是为清心寡欲。我们可从日常生活习惯做起。如日用饮食清淡，少食辛辣火爆之物；周遭用品，颜色不可过艳；少食荤腥肥甘，多饮淡茶；起居需留心，早睡早起，晚间不过中癸（二十二点），晨来不迟中卯（六点）；心态力求平和，不动怒，不忧悒；与人友善，不为损德之事。

行有余力者，每日早晚各用一炷香工夫，反躬自省：先思今日所做之事、所语之言、所见之人，有无缺失不足之处，有则改之，无则加勉；再思明日应做何事、应语何言、应如何接物待人。

修行是改变自身毛病与个性的过程，修到一定境界，自然看得开，放得下。

佛门典籍中，如《普贤行愿品》《药师经》《阿弥陀经》《无量寿经》，皆有关闭恶趣之门，洗涤心尘，清净身、语、意三业之效。

有求皆苦，心浊欲厚是诸苦之源，是烦恼之根。人身难得，我们应好好利用身体这个载道器，保持心念的纯净。行事作为以正见、正思维、正语、正业、正命、正精进、正念、正定这八正道为原则，时时拭净心镜。

很多人整天都是投心向外，投五官于声色，投手足于钱物，很少有时间反观自性、一日三省吾身。人只有收视返听，返身观照，才能见微知著，剖析自己。观照自己，会让我们在做事情时变得专注，没有那么在意别人的看法。真正专注的时候，你会发现四下无人，只有自己和事情。

观照自心，把欲望降到最低点，把理性升华到最高点，你会发现平安是幸，知足是福，清心是禄，寡欲是寿。心清如水即是佛，了无牵挂佛无边。

最后，赠大家一首麻衣道士史宗的《咏怀诗》：

有欲苦不足，无欲亦无忧。
未若清虚者，带索被玄裘。
浮游一世间，泛若不系舟。
方当毕尘累，栖志老山丘。

不快乐，是因为太聪明

第三章

狂心顿歇，歇即菩提

3

傲慢心存不住功德水

有一位博士毕业后到一家研究所工作，成为研究所里学历最高的人。

一天，他到单位后面的小池塘去钓鱼，刚好正副局长在他的一左一右，也在钓鱼。他只是微微点了点头，心想：这两个本科生，有啥好聊的呢？不一会儿，正局长放下钓竿，伸伸懒腰，噌噌噌从水面上如飞般走到对面上厕所。看得博士眼珠子都快掉下来了：这是水上漂？不会吧！局长上完厕所回来的时候，同样也是噌噌噌地从水上漂回来。这是怎么回事？博士不好意思开口问，自己可是位博士啊！

过了一阵子，副局长也站起身来，走几步，噌噌噌地漂过水面上厕所。这下博士差点儿昏倒：不会吧，到了一个江湖高手集中的地方？博士这下也内急了。这个池塘两边有围墙，要到对面厕所得绕十几分钟的路。但博士就是不愿意去问两位局长，憋了半天后，也起身往水里跨：我就不信本科生能过的水面，我博士不能过。“咚”一声，博士栽到了水里。两位局长将他拉了出来，问他为什么要下水，他问：“为什么你们可以走过去呢？”

两位局长相视一笑：“这池塘里有两排木桩子，由于这两天下雨涨水，被淹没到水面下了。我们都知道这木桩的位置，所以可以踩着桩子过去。你怎么不问一声呢？”

学历学历，历已历，它代表过去时。代表现在的是能力，代表未来的是学习力。

尊重经验的人，才能少走弯路，才不至于掉到坑里。多年前，国人一度唯学历论英雄，高等学府毕业生就好像自备“免死金牌”。现在呢，许多学校的优等生连实习机会都难找。这就跟学佛一样，一个人修行的好坏，不在于他读了多少经书、修行了多久、是否出家、是否名师所传，这些都只是我们修行所需要的行动和助缘。一个人修行的高低，要看他的心是否清净，是否能把名闻利养放下，是否能放下万缘。而做到这些，有一个前提，就是他是否把自己摆在低位。

傲慢心存不住功德之水，只有把自己摆在低位，放低姿态，我们才不会太过自满，以致不愿意进一步去面对新的挑战；放低姿态，我们才会睁大双眼，满怀好奇地去学习新知识，探索新领域；放低姿态，我们才能以感恩的心态待人，让他人乐意与我们共事。不实心不成事，不虚心不知事。那些认为自己什么都懂的人，其实往往什么都不懂；那些觉得周围人都比自己差的人，永远没有进步的空间。

在这个时代，学历只是铜牌，能力是银牌，与时俱进的学习力才是王牌。只有不断精进，才不会画地为牢，固步自封。为什么破土不久的笋芽，转眼间便长成苍翠的竹林？答案是，如笋尖一般上进，像竹节一样虚心。

最后，赠大家一首宋代诗人刘子翚的《吕居仁挽词三首 · 其二》：

皓首犹贪学，谦虚德益丰。
潜神无朕际，悟物不言中。
虽处持荷贵，常安捽茹穷。
笑谈惊委蜕，儒事有英雄。

商纣王的筷子

《庄子·知北游》中有这样一个故事：

东郭子听说庄子对“道”很有研究，便向庄子请教，问他“道”到底在什么地方。庄子说：“道无处不在。”

“那请您具体指明它在哪些地方。”东郭子说。

庄子不假思索地说：“在蚂蚁洞。”

东郭子奇怪：“道是很高尚的东西，怎么会存于这么卑下的地方？”

庄子又说：“道在稗草、砖瓦、碎石之中。”

“这不是愈加卑下了吗？”东郭子说。

庄子继续说：“我的道在屎尿之中！”

东郭子听庄子越说越低下，心中不快。

庄子解释说：“要把道的本质说明白，就得像在集市查看牲畜的肥瘦一样，要检查牲畜腿下部位，因为牲畜腿下部位最难长膘。所以，我今天告诉您道所在的地方，尽是卑贱的地方，如果这些地方都有道，那么道存在于其他地方也就不言自明了。”

道无处不在，世间的禅机亦无处不在。一花一世界，一木一浮生，大中有小，小中亦有大。佛法认为，世间的大与小远远超过我们的想象。人的一生，大小之境应用不同，会带给人们不同的效果、不同的人生。

古代高僧常言：“心包太虚，量周沙界。”这个心量就是佛性。获得禅心的方便法门，唯有“平常”二字。用无量心慈悲、平等地对待一切有情无情之众生，自然会带来清净安详、法喜充满。

世间万物，有渺小，有宏大，关键在于人们从哪个角度来认知。所以，我们需要一双慧眼，才能见微知著，洞察变化。

《韩非子》中说：“圣人见微以知萌，见端以知末，故见象箸而怖，知天下之不足也。”“见象箸而怖”是一个典故。商纣王的叔父箕子见纣王使用象牙筷子，深感忧虑，因为使用象牙筷子，还要配上犀角或美玉的杯子，吃的必定是山珍海味，穿的必定是锦衣九重，住的必定是广室高台。这样一来，天下财富就不够挥霍了，天下危矣。

社会上有不少人，正是由于平时疏于自律，忽视小事、小节，日积月累，酿成错事，以致违法失节，教训殊深。

最后，送大家一首苏东坡的诗偈：

溪声尽是广长舌，山色无非清净身。

夜来八万四千偈，他日如何举似人。

大力神与“憎恨袋”

古希腊神话里，有一则“憎恨袋”的故事。一天，大力神赫拉克勒斯行走在一条狭窄的山路上，突然跌了个趔趄，险些被绊倒。他定睛一瞧，原来脚下躺着一只袋囊。他猛踢一脚，袋囊非但纹丝不动，反而气鼓鼓地膨胀起来。赫拉克勒斯恼怒了，挥起拳头朝它狠狠一击，但它依然如故，迅速地胀大着。赫拉克勒斯暴跳如雷，拾了根木棒就砸，但袋囊却越胀越大，最后将整个山道都堵得严严实实。赫拉克勒斯无可奈何了。这时一位智者走过来，笑着说：“朋友，这个叫憎恨袋。如果你不理会它，或者干脆绕开它，它就不会跟你过不去，也不至于把你的路堵死了。”

我们与人交往，产生摩擦、误解乃至恩怨总是在所难免。如果肩上扛着“憎恨袋”，心中装着“憎恨袋”，生活只会如负重登山，举步维艰。到最后，堵死的是自己的路。一方面，憎恨别人时，你心里总是愤愤不平，希望别人遭遇不幸，却又往往不能如愿，让你痛苦、埋怨、憎恶、失望、烦躁，失去了往日的轻松和欢快。另一方面，不管那个人有多坏、有多恶、有多对不起你，你越骂他，心就越被污染，你也就难以保有完整的本性和一颗清净的心。而且，今天记恨这个，明天记恨那个，结果朋友越来越少，严重影响人际关系，最后就会成为“孤家寡人”。

我们不可能改变周围的人，但我们可以改变自己的心态和意念，学会宽容。生活中，我们做一件事，总希望得到别人的支持，认为反对我就是与我过不去，就是与我为敌。我们憎恨反对者，对反对者缺乏必要的宽容和风度。反对确实是一种阻力，让我们处处被动，身陷逆境。但善待那些反对者，从反对者那里发现自己的不足之处，不断完善自己，却是一种智慧。反对者的存在，可让你保持清醒理智的头脑，做事更周全；也可激发你接受挑战的勇气，迸发出生命的潜能。

世事如棋，让一招不为我亏；心田似海，纳百川方能容人。生命就像一种回音，你送出去什么它就送回什么，你播种什么就收获什么。不论你是谁，不论你身居何位，如果你想寻找最好的方法以获得成功，那么就该在对待每一个人和每一种情况时，寻找美好的一面，并把它当作根本原则，奉行不悖。

最后，把六祖慧能大师的《无相颂》赠予大家：

心平何劳持戒，行直何用修禅？
恩则孝养父母，义则上下相怜。
让则尊卑和睦，忍则众恶无喧。
若能钻木出火，淤泥定生红莲。
苦口的是良药，逆耳必是忠言。
改过必生智慧，护短心内非贤。
日用常行饶益，成道非由施钱。
菩提只向心觅，何劳向外求玄？
听说依此修行，西方只在目前。

一撇一捺写一生

某一天，寺庙外大雨滂沱，几个卖小吃的小贩生意惨淡。临近中午，卖烤饼的小贩吃起了自己烤的饼，卖西瓜的小贩敲开西瓜吃，卖辣香干的开始吃辣香干，卖杨梅的也吃起了杨梅。一会儿，卖杨梅的吃得酸歪了嘴，卖辣香干的辣得鼻涕直流，卖烤饼的干渴难咽，卖西瓜的吃得肚皮胀鼓鼓。

这时从雨中走来一个小和尚，他从四个小贩手中将这四样小吃都买齐了，坐在亭子里一个人享用。四个小贩看到小和尚吃着咸甜酸辣四种小吃，看上去味道好极了，纷纷流下了口水。

忽然，寺庙内传来呵斥声："慧果，你师弟慧生哪儿去了？"是一个长者的声音。

"回禀师父，刚才慧生师弟见门外有几个小贩，说是教化他们去了。"一个声音答道。

当亭子里的小和尚起身离去后，四个小贩已经在吃着彼此手里的小吃了，咸甜酸辣交织的味道让他们感到满足。

"人"字的结构为一撇一捺，互立为人，象征着人与人之间要相互扶持、共同合作、一起进步；"人"音通"仁"，寓意人人要讲仁义。一个"人"字，简单两笔，足够我们写上一生。生活的智慧，就在于人与人之间的相互交流和互助。如果每个人都生活在自己的世界里，那就体会不到人间的乐趣。

生活中，人与人之间的相互关爱无处不在：家里没人，邻居帮忙做饭、看孩子；摔伤了胳膊，同事帮忙止血；下雨时没带伞，找别人借伞。这些小事虽微不足道，却使人受益。关爱如一盏明灯，照亮人们前进的方向；亦如一团火焰，融化人们心中的冰霜。

一个乐于助人的青年遇到了困难，想起自己平时帮助过许多朋友，于是找他们求助。然而，对于青年的困难，朋友们全都视而不见、听而不闻。

“真是一帮忘恩负义的家伙！”青年怒气冲冲，无法排遣怨气，于是找一位禅师解惑。禅师说：“助人是好事，然而你却把好事做成了坏事。在帮助他人的时候，应该怀着一颗平常心，不要时时觉得自己在行善，觉得自己在道德上优越于他人，你应该想着自己是在做一件力所能及的小事。比起更富者，你是穷人；比起更善者，你是凡人。”

佛法中说，不求回报地帮助别人，所得的功德不可思议。别有所求的帮助，那只是你心中一厢情愿的想法，是没有经过对方同意的交易。如果得不到回报就耿耿于怀，生起嗔怒，借此要挟他人，那么你在他人眼中会变成一个不可理喻的人。因此，不管是对你的孩子、爱人、朋友，还是对你的同事、上下级、陌生人，既然帮助，就不要想着要求回报。

回报最终从何而来？也许在不经意间，你会收到意外的惊喜；也许在痛苦失落中，你会得到雪中送炭的援助；更重要的是，对方因为你的帮助，打开了心扉，启迪了灵智，使生命品质得到彻底改善，并使未来生命不断得益。如此，功德殊胜。

难得糊涂，才是上道

有两个落水者，一个视力极好，一个患有近视。两人在宽阔的河面上挣扎，很快就筋疲力尽。突然，视力好的那位看到不远处有一艘小船，正向他们这边漂来。患有近视的那位也模模糊糊看到了。于是两人鼓起全部力气，奋力向小船游去。

游着游着，视力好的那位停了下来，因为他看清了，那不是一艘小船，而是一截枯朽的木头。但患有近视的人却并不知道那只是一截木头，他还在奋力向前游着。当他终于发现那仅是一截枯木时，他已离岸边不远了。最后，视力好的落水者，反而在水中丢失了性命，而患有近视的落水者却获得了新生。

“聪明难，糊涂尤难，由聪明而转入糊涂更难。”郑板桥这句话流传已久，它包含着许多做人的道理。人这一生，将一切都想得太明白、算得太清楚，不仅无奈，而且无趣，更是种悲哀。人不可太尽，事不可太尽；凡事太尽，缘分势必早尽。有时，难得糊涂，才是上道。

糊涂点儿，做人有人缘，做事得机缘；糊涂点儿，为人处世豁达大度，拿得起，放得下；该糊涂时就糊涂，做人才不会执着，遇事想得开也看得开。

历史上，真正达到“难得糊涂”意境者大有人在。如苏东坡，他本是一个博学正直的乐天派，可偏偏不为当权派所容，一生被一贬再贬。于是，东坡居士留诗云：

“人皆养子望聪明，我被聪明误一生。唯愿孩儿愚且鲁，无灾无难到公卿。”意思是，人们养育孩子都希望他有聪明才智，我却被聪明耽误了一生，只希望我的儿子愚笨又迟钝，能够一帆风顺地当上大官。“愚且鲁”是防灾患的保护伞，大智若愚才是内核。不锋芒毕露，方可避免“木秀于林，风必摧之”。

做人的最高境界，就是抱朴守拙。做人不张扬、平易近人，反而更容易被大家所接受。喜欢炫耀之人，无非是想让人高看自己一眼，无非为了虚荣、脸上有光而已。但当你在官场、职场中被排挤，不能尽情挥洒才干时，不知是否有聪明致祸之叹？

人至察则无徒，所以人不能太精明、太计较，平时糊涂一点儿，给人留有余地，方是共赢之路。当然，表面上可以糊涂，心里却要时时调整自己，当你包容别人时，也就为自己积累了未来的人情福报。海纳百川，有容乃大；人有包容，谋事易成。

最后，摘一段《增广贤文》中的诗句赠予大家：

十分伶俐使七分，常留三分与儿孙。

若要十分都使尽，远在儿孙近在身。

弘法寺 · 连廊

弘法寺·佛龛

跟着蜗牛去散步

师父给小和尚布置了一项任务，让他带一只蜗牛去散步。小和尚很纳闷儿，可又不便推辞。

尽管蜗牛已拼尽全力爬行，但每次都只能挪动一点点。小和尚又急又气，可无论如何催促、吓唬、责备乃至哀求，蜗牛仍然慢慢吞吞地爬，还不时转头回望，仿佛在说："我真的已经尽全力了！"

蜗牛的慢性子让小和尚怒火中烧，禁不住用手指推它、弹它，最终把它弄伤了。蜗牛吐着唾沫，爬得更慢了。小和尚真想丢下它不管，但又苦于无法向师父交代，只好无奈地跟着蜗牛"蜗行"。

待小和尚放慢脚步、静下心时，忽然闻到了花香。他定睛一看，原来这里是个大花园。花园里开满了五颜六色的鲜花，姹紫嫣红、争奇斗艳，微风拂面，一阵醉人的花香扑鼻而来。"咦？以前怎么没有这些体会？"霎时，小和尚幡然醒悟：原来师父不是让我带着蜗牛去散步，而是让蜗牛带着我去散步！

等待是件让人厌烦的事，凡夫通常因为耐不住性子，经不起等待，从而错过成事的良机。人生路上，你如果没有耐心等待成功的到来，那么，你只好用一生的耐心去忍受失败。

人这一生，大部分时间是在等待中度过。幼时等待长大，长大后等待挣钱，老时等待安乐……人生处处有等待。等待是一种冷静，等待是一种尊敬，等待也是一种礼貌，更是抓住时机的前提。

著名武侠作家金庸先生曾说：“我的性子很缓慢，不着急，做什么都是徐徐缓缓的，最后也都做好了，乐观豁达养天年。”如金庸先生所言，当工作和修行未能达成我们的目标和要求时，先要学会等待，用发展的眼光看待人和事，用从容的心态对治困难和烦恼，不急于求成，不心浮气躁。当我们学会等待时，就能对人和事少一些苛责、少一些失望、少一些冷漠，多一份理解、多一份信心、多一份亲切。在等待中树人，在等待中正己，从而享受等待的幸福。

世事无常，我们要学会在所有的事物中观察到这种暂时性，不要急。如果你能够等，蜕变就在那里。河上没有桥，还可以等待结冰。人生本是一场苦聚，要像蜗牛一样充满耐心地前行。

最后，摘两段弘一大师的法语赠予大家：

有才而性缓，定属大才；有智而气和，斯为大智。

动若不止，止水皆化波涛；静而不扰，波涛悉为止水。水相如此，心境亦然。

没人喜欢负能量的人

阿慕刚结婚那几年，还是一个自由作家。由于丈夫的工作关系，他们搬到了一座三线城市的城乡接合部住。村子里的环境很好，经济也还算富有，但生活方式却和他们完全不同。

村子里的人很喜欢晚上带着孩子去别人家串门，家长里短地聊两个多小时，也没啥大事，都是些闲言碎语、各种八卦。阿慕刚去别人家的时候还很不适应，但觉得自己总不去的话，会显得邻里生分。于是，她也加入了串门大军。时间久了，阿慕竟觉得每天这样串门，说说谁家的公婆吵架、谁家的老公赚了钱，竟然是一件有意思的事情。

这样的日子过了很久，直到阿慕写的文章一次又一次被杂志社退回来，直到总编怒斥她的写作水平越来越低，直到和丈夫每天的聊天话题也变成了别人家的八卦，阿慕才醒悟到：自己已经迷失了。以前的自己，虽然没有上下班的约束，但晚上的大部分时间都是增值的，看看有意思的书，找找写作的灵感，可现在却变成了“长舌妇”般的模样。

和谁在一起，真的很重要。

你是谁？你身边都有谁？这两个问题，决定了你的一生会怎样度过。

“和愚者生活，整天吃吃喝喝；和智者生活，时时勤于思考。”这句话与“近朱者赤，近墨者黑”有异曲同工之妙，都告诉我们同一个道理：朋友影响之大，大到可以在潜移默化中影响或改变人的一生。

有人说，人生有三大幸运：上学时遇到一位好老师，工作时遇到一位好领导，成家时遇到一位好伴侣。而生活中最不幸的是：由于你身边缺乏积极进取的人，缺少远见卓识的人，使你的人生变得平平庸庸，黯然失色。

一位父亲在公司受到了老板的批评，回到家就把沙发上跳来跳去的孩子臭骂了一顿。孩子心里窝火，狠狠去踹身边打滚的猫。猫逃到街上，正好一辆汽车开过来，司机赶紧避让，却把路边摆摊的小贩撞伤了。

这就是心理学上有名的“踢猫效应”，典型的负能量传染所导致的恶性循环。

没有人喜欢负能量的人。你会想要接近什么样的人呢？当然是正在发光的人，因为他们身上有温度，能够让你忘记严寒。而那些浑身散发着负能量的人，只会消耗掉你身上的温度，汲取你的养分，让你也产生坏情绪。

负能量的人害怕改变，正能量的人则欢迎新的机会到来；负能量的人觉得没必要称赞他人所做的事，正能量的人却往往会看到并随喜他人的好；负能量的人说话总在讲着自己，正能量的人会想到去了解对方的心情。

一个人身边的朋友，其实就是他内心的投影。内心好恶偏执者，必感小人群聚；内心以德为本，必感贤善之人。我们周围都是怎样的朋友呢？如果善友居多，当欢庆自勉；倘若恶友居多，也不必怨天尤人，还是先自我反省吧。

在这个世上，人念人，才能近乎；心捂心，才能热乎；情惜情，才能暖和。

是什么风把你吹来了?

大文豪苏东坡曾在扬州做官。由于官场黑暗，世道不平，他心中常常郁闷烦躁，怒火中烧。为了排解忧愁，修身养性，苏东坡开始练习静坐，修炼定力。百天过去后，他定力大增，一次能静坐两个时辰。他感觉良好，于是诗兴大发写了首诗："稽首天中天，毫光照大千。八风吹不动，端坐紫金莲。"

诗写好后，苏东坡让仆人连夜送给江对岸金山寺的佛印禅师。佛印禅师看了诗后，在上面批注了"放屁"二字，交给仆人送还苏东坡。苏东坡看后勃然大怒，立即渡江去找佛印禅师理论。

苏东坡到了寺院后，只见佛印禅师的房门紧闭，门上贴了一张字条："八风吹不动，一屁过江来。"苏东坡豁然猛省，自感羞愧难当，返回扬州继续修炼。

苏东坡所谓的"八风吹不动"，出自《大智度论》的"称、讥、毁、誉、利、衰、苦、乐"，这是人们经常遇到的八种境况，它们像风一样能随时吹动人的身心，故称"八风"。世俗之人，心境每天都被八风所转。人人都想得到利益、称赞、名誉和快乐，不想失去，不愿被讥讽、毁谤。我们的情绪，就一直这样被煽动着，念头随时都在起伏中，没有片刻安宁，最终只能在痛苦和烦恼中沉浮，无力出离。

人心就如一壶浊水，要静深不动后，才能沙土自沉，清水现前；四下折腾，只能是越搅越混。慧由定生，定从戒来，善护身、口、意，远离贪、嗔、痴，努力清净负面的业力、纷杂的情绪和无尽的苦难，才能逐渐止息心浪。

一个真正的修行人，在八风中要保持沉着冷静，不为所动。为一点小事，或一句话，就忍不住了，那这个人的修行太没功夫了，佛门也白进了。

心中时时保持正念，可以锻炼我们的专注力，也就是定力，亦即八正道中的正定。一个人做事的效率，很多时候都取决于他的定力。一般没有经过修行或禅定训练的人，常常心猿意马，心存各种杂念。这些杂念不仅影响工作效率，还影响我们的生活质量。根本的办法，是修自己的心，去除杂念，让心平静下来。我们出家学佛，无非就是要去除妄念，平定自心，用《金刚经》的话来说，就是要“降伏其心”。要降伏其心，就需要修习禅定。

时时把心安住在当下所做的事情上，就是一种禅定。真正的禅定是八风吹不动，对境无妄心，不着定相痕迹，行、住、坐、卧不离其中。当顺风和逆风都吹不动你的时候，那些自以为是的情绪便不复存在了。

当你遇到赞誉、讥讽、痛苦、快乐时，记得问问自己：这是吹的什么风？

最后，赠大家一首唐代诗人张祜的《题万道人禅房》：

何处凿禅壁，西南江上峰。
残阳过远水，落叶满疏钟。
世事静中去，道心尘外逢。
欲知情不动，床下虎留踪。

自以为是的善并非真善

1920 年，英国哲学家罗素曾到中国四川游玩。他和陪同人员坐着两人抬的竹轿上峨眉山。

当时是火热的夏天，轿夫们累得满头大汗。罗素暗想：“这些轿夫一定特别痛恨坐轿的人，大热天还要抬着他们上山。或许他们在想：为什么我是抬轿子的人，而不是坐轿子的人？”一路上，罗素都在琢磨这个问题。

到了半山腰，罗素让轿夫停下来休息。他细心地观察轿夫的表情。出乎意料的是，轿夫们有说有笑，没有丝毫埋怨，反而兴高采烈地给罗素讲自己家乡的笑话，还好奇地问他一些有关国外的事。

表面上看，在烈日炎炎下抬着客人爬山，应是苦不堪言之事，但轿夫照样怡然自乐，可见，幸福确实无关乎外境。后来，在《中国人的性格》一文中，罗素引述了这个故事，并得出结论：“用自以为是的目光看待别人的幸福，这是错误的。”

判断一个人幸福与否，不能仅凭外在的表象。看到无钱无势的人，不要以为他不幸福；看到荣华富贵的人，也不要以为他肯定幸福。

庄子曰：“子非鱼，安知鱼之乐？”我们多数人都有“以己度人”的脾性，因为有这个脾性，对于自己以外的人和物才能知解。但严格地说，每个人都只能直接地知解自己，都只能知道自己处于某种境地、有某种觉知、生某种情感。至于旁人、旁物处于何种境地、觉知、情感，则是凭自己的经验推测出来的。

佛陀在菩提树下成道后说：“奇哉！奇哉！一切众生皆具如来智慧德相，但以妄想执着而不能证得。”所谓妄想，就是过去所做、所说、所见、所闻的影像留在我们脑子里。高兴的，我们执着；痛苦的，我们也执着。想的次数多了就会形成心理惯性，影响自己的行为。过去的种种影像，形成了现在的我。

外在的境界不断变化，我们的心却仍然活在对过去的记忆中，用过去所产生的想法判断当下，这是造成痛苦的原因之一。世间万事万物都有各自的立场，站在自己的立场上看起来天经地义的事情，一旦易地而处，可能就不那么天经地义了。譬如，总有些人道听途说一些偏方后，就像捡到了宝一样到处推荐给病人，自以为给出的是满满的希望，但最后病人得到的却是大大的绝望。

这种自以为是的善并非真善，而是无知，无知即无德。所以，我们揣摩他人的心思、表达善意，要尽量慢一点、理智一点，不要把自己的观点强加给别人，多想想自己行为的后果。你喜欢的，人家未必会喜欢；你认可的，人家未必会认可。真正的善意，是以接受者为中心，真正考虑对方需要的是什么，而不是自以为是地想当然。

最后，赠大家一首南宋道川禅师的诗偈：

三际求心心不见，两眼依然对两眼。

不须遗剑刻舟寻，雪月风华常见面。

心不静，幸福来不了

一个人看见水池中有黄金，于是立刻跳入水池找金子，找了半天却一无所获，只好坐在池边休息。过了一会儿，水逐渐变得清澈，金子的影像又浮现出来，他赶紧再次踏入水池中，搅和泥水，依旧一无所获。

这时，他的父亲来了，问道："你在做什么？"

"我看见水中有金子，在池中寻找了半天却一无所得，十分疲累。"这人对父亲说。

父亲看了看水池，说："一定是飞鸟将金子衔上了树头。"这人听从父亲的话，爬到树上，果然找到了金子。

水面太混浊，是看不清倒影的，正如浊池不见真金一样；纷杂的俗世中，很多人也找不着自我，迷失了自我。浮躁的社会，心静者胜。养一息静气，给自己一片清明爽朗的天空，心净则佛土净，心安则众生安，心平则万事平。万物静观皆自得，唯有静静地品观万物，才能有得于心。

人这一生，大多数时候都在忙这忙那，其实自己都说不清楚整天在忙些什么，反正就是在忙，比如说在忙工作、忙事业、忙生存，为了挣钱养家糊口……

生活中飘满了太多的浮躁，站在熙熙攘攘、追名逐利的时代浪潮里，芸芸众生难免都跟着嚷嚷，几人能有闲情逸致领略“静观皆自得”呢？领略不到静，多是因为心中装满了名利得失，心为外物所累、所奴役，于是过多地感受到了生活的繁琐和困苦。

善于反思、总结生活的人，多有这样的心得：心静则智生，心躁则谋浅，心乱则计断。

静以修身，宁静以致远。事实上，心静与闲忙并没有必然的联系。即使身处闹市喧嚷之中，即使身处百忙之中，你仍可以挤出时间让心清除俗念。在静趣中放飞心智，心中便似灵光闪现，无穷妙悟也许就源源而来。

所以说，人得有点儿闲思、闲情。闲可生宁静心、平常心。静以自处，心地平常了，人才可以外看天地，于一草一木之间看出一番深情来；内观自身，于日常生活中对自己有一份清楚的知解与省察。

平心才能静气，静气才能干事，干事才能成事。涵养静气的过程，就是在追求一种平衡，营造一种和谐，积蓄一种底蕴，成就一种境界。

不歪不斜、不骄不躁、不卑不亢、不偏不倚，杂气自去，静气自来。

最后，送大家一首唐代诗佛王维的《山居秋暝》：

空山新雨后，天气晚来秋。
明月松间照，清泉石上流。
竹喧归浣女，莲动下渔舟。
随意春芳歇，王孙自可留。

争的是理，输的是情

颜回爱学习，德行又好，是孔子的得意门生。一天，颜回去街上办事，见一家布店前围满了人。他上前一问，才知道是买布的跟卖布的发生了纠纷。

只听买布的大嚷大叫："三八就是二十三，你为啥要我二十四个钱？"颜回走到买布的跟前，施一礼说："这位大哥，三八是二十四，怎么会是二十三呢？是你算错了，不要吵啦。"买布的仍不服气，指着颜回的鼻子说："谁请你出来评理的？你算老几？要评理只有找孔夫子，错与不错只有他说了算！"颜回说："好，孔夫子若评你错了，怎么办？"买布的说："若评我错了，输上我的人头。你错了呢？"颜回说："评我错了，输上我的冠。"

二人打着赌，找到了孔子。孔子问明了情况，对颜回说："三八就是二十三啊！颜回，你输啦，把冠取下来给人家吧！"

颜回从来不跟老师顶嘴。听孔子评他错了，就老老实实摘下帽子，交给了买布的。那人接过帽子，得意地走了。

看着闷闷不乐的颜回，孔子开导道："我说三八二十三是对的，你输了，不过输个冠；我若说三八二十四是对的，他输了，那可是一条人命啊！你说冠重要还是人命重要？"

颜回恍然大悟，跪在孔子面前说："老师重大义而轻小是小非，学生惭愧万分！"

欲为大树，莫与草争。有些事情，你争赢了你所谓的理，实际上却输掉了更重要的东西。跟家人争，争赢了，亲情没了；跟爱人争，争赢了，感情淡了。争的是理，输的是情，伤的是自己。

有些人会问："是否不争对错，我就放之不管，自己想什么也不说出来？"这也不对，是走向了另一个极端。一个人若有成熟的思维体系，就既能看到自己，也能看到对方。对于每个人来说，最需要的，不是别人一定按自己的想法去做，而是希望对方可以理解自己的期待，当受委屈的一方被照顾到的时候，就会感觉对方是懂自己的。如果有这样的换位思考，我们的情商就是完备的，在将心比心的基础上，即使面临冲突，也更容易消解。

佛说，不争就是慈悲，不辩就是智慧，原谅就是解脱，利人就是利己。做人不能太较真，不要自己跟自己过不去。我们要多记住他人的好，忘掉彼此的不快，切勿因琐事和他人争短论长。飞越了云层，就没有了风雨。如果你生命中的云层遮蔽了阳光，那是因为你的心灵飞得还不够高。

最后，赠大家一段唐代百丈怀海禅师的古训：

烦恼以忍辱为菩提，是非以不辩为解脱。

留众以老成为真情，执事以尽心为有功。

语言以减少为直截，长幼以慈和为进德。

学习以勤习为入门，因果以明白为无过。

不快乐，是因为太聪明

第四章

万法不离一念心

4

别撞南墙了，答案并非只有一个

普陀山有座庙，庙里住着一个老和尚和一个小和尚。

一天，老和尚给小和尚出了个问题：“一个爱干净的人和一个不爱干净的人一同从外面回来，是爱干净的人先去洗澡，还是不爱干净的人先去洗澡？”小和尚搔了搔头皮，迅速答道：“当然是不爱干净的人先去洗澡，因为他身上脏得很。”老和尚看了看小和尚，不置可否。

小和尚以为自己回答得不正确，马上改口说：“一定是那个爱干净的人先去洗澡，因为爱干净的人有洗澡的习惯，不爱干净的人没有洗澡的习惯。”说完，小和尚等待师父的夸奖。出乎意料的是，老和尚不但没有夸奖小和尚，还说小和尚没有悟性，小和尚更加莫名其妙了。

“两个人都得去洗澡，爱干净的有洗澡的习惯，不爱干净的需要洗澡。”小和尚只有这样回答了。可师父的脸色告诉他，又错了。

小和尚只剩下最后一个答案，于是怯生生地回答：“两个都不去洗澡，原因是爱干净的人很干净，不需要洗澡；不爱干净的人没有洗澡的习惯。”

老和尚说：“其实，你已经把四个答案都说出来了。但你每次都认准一个是正确的，所以，你的答案是不全面的，单单拿出一个，都不是正确的答案。”

生活是丰富多彩的，它并不像数学题一样死板，从不同的角度看，你会发现不同的美。就像我们吃的食物一样，同样的食材，不同的人可以做出不同的样式、味道。所以说，很多事情并非只有一个正确答案。

所谓条条大路通罗马，要怎么去到罗马？可以搭飞机、步行、坐车，还可以乘船。答案多种多样，即使交通工具一样，路线也可以不一样。我们每个人的位置、角度、观点、背景、时间、历史条件各有不同，所以对某一问题的看法也不可能相同。

生活中这样的例子并不鲜见，尤其是在与人交往中，有时并非因为做得不对，而是没有全面地考虑问题。由于情况和人员的变化，原来行之有效的方法往往会失灵。正因如此，如果你固执地持守着一个答案，就会止步不前。所以，不满足于一个答案，拓宽思维，不放弃探求，在这个日新月异的时代十分重要。

我们这一生中，很多时候都被非此即彼的答案所苦恼、左右着。取还是舍，首选抑或其次？但凡智者，都懂得在恰当的时机接受其他的答案，或向另一种答案做出妥协。成功靠的是理性，而非不撞南墙不回头的意气。

越是身处复杂的情势中，越要保持足够的宽容和谅解。多听一些其他人的意见和方案，这样就增添了更多的想象力和解决问题的维度。

太阳每天从东边升起？你拿个镜子看，不就从西边升起了嘛！

最后，送大家一首虚云禅师的诗偈：

天地销归何处去，微尘幻现奈他何。

见深见浅由他见，水是水兮波是波。

一道题暴露人性的弱点

1998 年 10 月，香港廉政公署执行处面向本处所有工作人员公开选拔一名首席调查主任。经过严格的资格审查和层层推荐，最后有 40 多人进入笔试环节。

时年 43 岁的阿雄也参加了这次选拔考试。阿雄 25 岁就进入廉政公署工作，具有很高的专业水平。考试进行得很顺利，阿雄做起来轻车熟路。可是，最后一道题把阿雄难住了。这道题分值高达 20 分，成败在此一举。题目是这样的：请简述唐太宗李世民为了保护环境采取了哪些措施?

阿雄的知识面并不算窄，平时读过许多关于李世民的书。但是此时，他绞尽脑汁也想不起来李世民曾在环保方面有过什么施政措施。无奈之下，阿雄只好在试卷上写下了这么一行字：对不起，这道题我不会答。一道 20 分的题没做，哪里还会有希望？交卷后，阿雄很沮丧。

没想到的是，两周后，考试结果出来了，最后的那道题，阿雄竟得了满分，并且只有他一个人得了满分。阿雄成了进入面试环节的唯一人选。

选拔委员会是这样解释的：这道题是从联合国教科文组织的试题库里抽选出来的，目的就是测试应试者的诚信度。唐太宗所处的那个时代，并没有环境保护这种说法，他也没有为保护环境采取过任何措施。这道题根本就没有答案，或者说，最标准的答案就是“不知道”。遗憾的是，竟然有那么多考生妙笔生花地列出了李世民的多项环保举措。

处世待人，首贵真诚，为学求知亦然。人生有限，而待知之事却无穷无尽，强不知以为知，自以为是，以偏概全，哗众取宠，最后造罪业堕三途，此乃大愚；本无事而生事，是谓福薄。

孔子曰：“知之为知之，不知为不知，是知也。”佛陀之所以有“十四无记”，经典上说得很清楚，因为这些问题对于解脱无常之苦没有帮助，不应浪费时间讨论此等虚妄无实之事。

大智慧如佛陀，尚且主张对不知道的事物采取存而不论的态度，那么中智以下的人当然不可能样样都知道。承认有所知、有所不知，是一种诚实的态度，也是最聪明的态度。唯其有所“不知”，才能成其“有所知”。

不懂装懂，自然笑话百出。书画家启功先生出席西泠印社的活动讲话时，每次说到“西泠”时都被身边一位不懂装懂的人士小声提醒：“西冷！是冷！”启功先生忍无可忍，最后回敬道：“你冷，我不冷！”

《易经·谦卦》有言：“谦谦君子，卑以自牧。”认识到自己的无知，才能老老实实地“自牧”，不断地向别人求教，不断地体验、学习、上进，也不断地突破自己的知识结构和思维框架，从而获得新的思路。

我们不必为不懂感到难堪，没有谁是无师自通的，比起不懂装懂、夸夸其谈，坦率地承认不懂，更令人欣赏。

势不可用尽，利不可赚尽

《韩非子》中有这样一个故事：一个雕塑工匠正在雕刻神像，引来很多人围观。人们发现他雕刻的神像几乎都是大鼻子、小眼睛。围观者不解，就问他缘由。工匠笑曰："鼻子大了可以改小，眼睛小了可以改大。相反，如果眼睛大了想改小，鼻子小了想改大，则不可能了。"

下过厨房的人，都知道炒菜时盐不能放多了，因为口味淡了还能补救，咸了就很难挽回了，这跟《韩非子》中的雕刻故事是一个道理。

月满则亏，水满则溢，有道是"登高必跌重"。我们每个人心底，都有渴望做出一番事业的抱负，这是正能量。但是，我们要认知并承认自己的局限，量力而行，恰到好处，当行则行，当断则断，才能使有限的生命发出适度的光芒，从而为自己的心灵带来幸福和满足。真正的智者，不会一味地追求满足，而是懂得给自己留有余地，方能进退自如。

一个将要出嫁的女儿问妈妈，婚后怎样才能抓紧丈夫的心？妈妈让女儿抓起满满一把沙子，说："你试着握紧。"女儿使劲地握紧手，结果她握得越紧，从手指缝里漏出的沙子就越多。最后，留在手里的沙子只剩下了一点点，而且被握成很难看的形状。

生活就是这样，很多事物，你越是握紧，它越是挣脱；你越是在意，它越是远离。

释迦牟尼佛说人有八苦，其中一苦名曰“求不得苦”。我们用尽种种办法与手段，希望获得自己所喜爱的东西，但结果还是得不到，这就叫作“求不得苦”。佛门认为，这求不得苦，乃是众苦之源。因为有所求、有欲念，所以才会有爱恨，有爱恨才会有生老病死。

我们修佛之人，要将求不得看成业报，心若止水。古人云：“若业必求满，功必求盈者，不生内变，必召外忧。”武侠小说《风云》里有句话贯穿始终：“凡事太尽，缘分势必早尽。”这句话对应的佛语为：“势不可倚尽，福不可享尽。”就是说当我们有势时，不可仗势欺人；当我们有钱时，不要奢侈、浪费，并且要节制自己的享受。

求不得，自有其原因，是机缘未到，还是根本就没有获得的缘分呢？无欲则无求，无求则心安，心安则无苦。

最后，送大家一首元代学者王幼学的《四留铭》：

留有余，不尽之巧以还造化；
留有余，不尽之禄以还朝廷；
留有余，不尽之财以还百姓；
留有余，不尽之福以还子孙。

信仰引领下的诗和远方

林语堂曾说：“中国人得意时信儒教，失意时信佛教、道教，而在教义与己相背时，中国人会说‘人定胜天’。中国人的信仰危机在于：经常改变信仰。”

一个没有信仰的社会，人心是不好收拢在一起的。因为，人世的其他事物对人心的征服有其局限。这种局限性，往往体现在对欲望的满足上，欲望是无止境的，所以人心永远没有喂饱的时候。信仰的可贵之处就在于，它适当地压制了欲望，又很好地引领了欲望。

对于有信仰的灵魂而言，欲望不是消失了，而是稳妥地渡到了平静之处。从这一点来说，信仰比规则有力量。

当群体宏大的信仰缺失时，个人琐碎的喜好就成了信仰，世俗尊崇的事物亦成了信仰。于是，信仰便集体走向了世俗化，或者说，世俗化湮没了信仰的高度，譬如物质崇拜和权力崇拜。一个人人都向金钱和权力看齐的社会，就不容易产生有号召力的精神信仰。金钱和权力挑逗着人心，也挑战着人心。不能战胜它，就得臣服于它，于是，所有人都走向了喧嚣和浮躁。

能战胜金钱和权力蛊惑的，只有高贵的精神信仰，也因此，真正的信仰是去世俗化的。有信仰者，理性、沉静；无信仰者，躁动、嘈杂。更大的问题是，无信仰者心中缺乏敬畏。世间的颠覆和破坏、肮脏和苟且，大都始于无所敬畏。无所敬畏者，未必越来越胆大，但一定越来越没了羞耻心。

敬畏产生的最大力量，是道德自律和人格自省。越是在无人监督的地方，信仰越会展现出自身迷人的魅力。与其他外在的约束不同，信仰最终完成的是灵魂的自我监督。

人自身力量达不到的地方，信仰可以抵达；一个做什么事都容易半途而废的人，在信仰的引领下，可达成彻底的坚守和不渝的坚持。在人生的深度和广度上，信仰可以引领一个人走向诗和远方。它构建的，必然是温良、友善的人间净土。

最后，送大家一首唐代诗人张说的《山夜闻钟》：

夜卧闻夜钟，夜静山更响。
霜风吹寒月，窈窕虚中上。
前声既春容，后声复晃荡。
听之如可见，寻之定无像。
信知本际空，徒挂生灭想。

随缘并不能成为偷懒的理由

有一天，小和尚跟着师父去化缘，两人走了很长时间，又累又渴。时值荒年，百姓自己家吃饱肚子都很难，实在没有余粮布施。小和尚对这样的结果很不满意，他闷闷不乐，不断埋怨。

师父停下脚步，对小和尚说："有缘，自然众生相助，遇不到也不要强求。"

小和尚似懂非懂地点点头。

回程路过一片小树林时，小和尚发现一棵柿子树，低矮处的柿子已被路人摘完了，树的顶端却留着十几个又大又圆的柿子。不过，要想摘到却很不容易，否则早就被人摘走了。

小和尚叹了口气说："随缘吧，不强求。"

师父却摇着头说："众生相助是缘，自助也是缘。两者都遇不到，才是绝缘。你都没有自助，为何就要随缘？"

于是，小和尚在师父的帮助下，用藤条将几根树枝捆在一起，编成一根长棍，最后把树顶的柿子打了下来。

小和尚捧着刚摘下的柿子，顿悟道："随缘并不能成为偷懒的理由。"

世间事皆有定数，不能强求。何时放弃，何时又当坚持，是每个人面对人生问题的一种态度。勇于放弃是一种大气，敢于坚持何尝不是一种勇气？孰是孰非，谁能说得清、道得明呢？

古人云：“尽人事，听天命。”首先你得尽人事，如今的社会上不乏空谈家，想要什么自己不争取，看别人取得成功后又风言风语，横生妒心，并美其名曰：“随缘，我就不爱争那些东西。”人家的随缘是竭尽全力之后不强求，但若两手一摊不作为，就算天上掉馅饼，恐怕也接不到。

如何在积极进取和顺其自然的态度上取得平衡呢？这就要求我们不管做什么事情，都要把握一个度，过了这个度，就是在用蛮力，做无用功，过犹不及。我们应当抱着美好的愿望去做事，但不要抱着必胜的信念去强求。目的单纯一些，多关注做事的过程，很多事就是因为我们对结果要求太多，失去了平常心，才会变得心浮气躁。

在职场中，你不可能总是要求老板给你更高的工资，你也不可能强迫每一个同事都对你笑脸相迎。用一颗平常心来对人对事，你会更容易在工作中得到满足。一味地计较个人得失，玩权弄术，损人利己，最终只能自食苦果。因此，请放下你的浮躁，放下你的懒惰，放下你的三分钟热度，放空你禁不住诱惑的大脑，管住什么都想八卦两句的嘴，静下心来好好做你该做的事，心系当下。

在工作和生活中，不妨养成“能有，很好；没有，也没关系”的想法，便能转苦为乐，获得自在。只要尽力了，有什么可强求的呢？只要尽力了，又有什么可沮丧的呢？

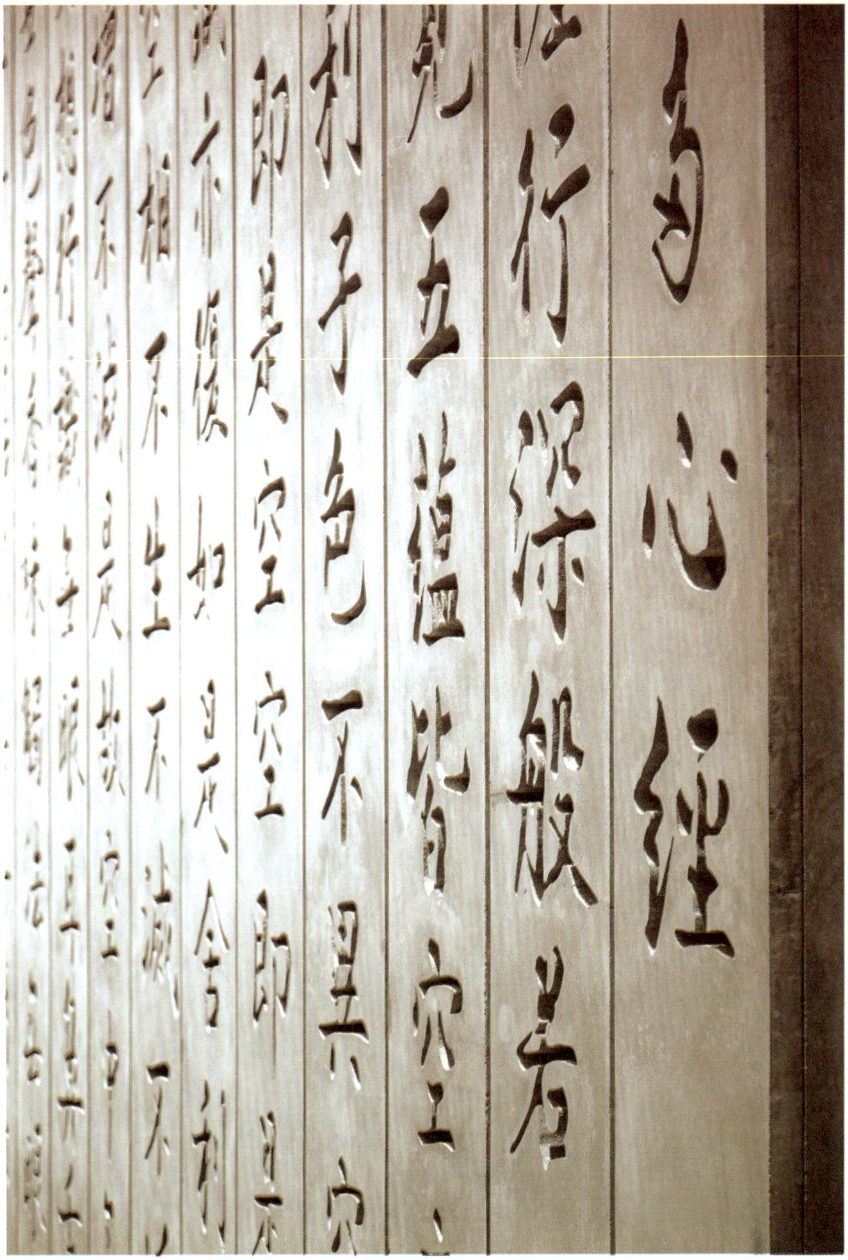

弘法寺·心经墙

弘法寺·本焕塔

逆境中，贵在一颗感恩的心

海伦·凯勒是美国著名女作家，著有《假如给我三天光明》一书。她出生后19个月就因病失去了视觉、听觉和说话能力，然而就是这样一位又盲又聋又哑的重度残障者，却创造了人生的奇迹。在老师的教育和帮助下，她不仅学会了读书、写作，而且以惊人的毅力完成了在哈佛大学拉德克利夫学院四年的学业，成为人类历史上第一位获得文学学士学位的盲聋哑人。

海伦·凯勒在自传中写道："我感谢大自然给予我温暖的阳光，我感谢父母给予我敏感的触觉，我感谢我的老师给予我美妙的知识……"这样一位重度残疾的少女，正是怀着感恩的心面对原本不公的命运，她甚至感谢上天赐予她的不幸，因为正是不幸使得她比常人更坚强。她克服了重重困难，创作了14部文学作品，奇迹般地成为一名伟大的文学家。

顺境中的感恩，我们会认为理所当然。但在逆境中，你的心还能像海伦·凯勒一样存有感恩吗？面对逆境，我们可能更多的是抱怨，因为逆境中的感恩是多数人难以做到的。

其实，无论逆境、顺境，都是人生的组成，缺了任何一部分，生命都将残缺。逆境是以顺境为底色，诠释了它的深刻；顺境是以逆境为对比，放大了它的幸福。

没有逆境，我们不会在顺境中懂得珍惜；没有顺境，我们也不会在逆境中一直坚持。

逆境增佛缘，我们生生世世都有无量无边的业障。佛陀说：“欲知前世因，今生受者是。”又说：“假使百千劫，所作业不亡，因缘会遇时，果报还自受。”因此，这一生无论遇上顺境还是逆境，都要心怀感恩。

可能有人会想，别人对我不好，对我有所亏欠，我怎么感恩，又感恩什么呢？事实上，逆境中的因缘，正是让我们修忍辱的好机会，逆境让我们有机缘还债，让我们消业障、增福德。

古今中外，凡有成就者都经历了逆境的磨砺。张骞出使西域，两次沦落匈奴，他忍辱负重，最终开辟了丝绸之路；司马迁饱受汉武帝威压，遭受宫刑之屈辱，却写出了历史巨著《史记》；李白遭宫廷排挤、权贵谗害，才迸发出“安能摧眉折腰事权贵，使我不得开心颜”这样痛快淋漓的诗句……

感恩伤害你的人，因为他磨炼了你的意志；感恩绊倒你的人，因为他强化了你的双腿；感恩欺骗你的人，因为他增长了你的见识；感恩遗弃你的人，因为他教会了你独立；感恩蔑视你的人，因为他觉醒了你的自尊；感恩斥责你的人，因为他增进了你的智慧。

逆境中的感恩，是一种境界。饱尝了人生的酸甜苦辣，才会生发举重若轻的从容；历经了苦难的洗礼，才会风化出生命的淡定。

感恩，不仅仅是对他人，它也可以是一种生活态度，一种善于发现美并欣赏美的道德情操。感恩一切好的，会给我们带来幸福；感恩一切不好的，会增强我们追求幸福的能力。

斗米养恩，担米养仇

有一家公司每天早晨都会给员工发一个鸡蛋。甲不喜欢吃鸡蛋，每次发了鸡蛋都给乙。刚开始，乙很感谢，久而久之便习惯了，觉得理所当然。直到有一天，甲将鸡蛋给了丙，乙就生气了。他忘记了这个鸡蛋本来就是甲的，甲想给谁都可以。为此，他们大吵一架，从此绝交。

一个人在饥寒交迫的时候，你给他一斗米，就是雪中送炭，他会感恩不尽。但你如果不断给他米，他就会觉得理所当然了，一斗米不够，两斗米不够，一担米还是不够，觉得你只给了沧海一粟，终有一天会对你怨恨交加。这就是“斗米恩，升米仇”的典故。

有多少亲情、友情，甚至是爱情，都败在一方理所当然地享受另一方的一味付出，却毫无回馈，最终成了仇家。我们帮助一个人，让我们心凉的不是他不懂得回报，而是他漠视我们对他的好。你可以不回报，但不能不知恩。

当太阳一直都在，人们就忘了它给的光亮，甚至认为，白天已够亮了，太阳是多余的。父母在日常生活中给予了很多关心和帮助，子女却很容易忽视他们在背后默默流下的汗水；妻子在感情中一直扮演着容忍和体贴的角色，丈夫却忘记在她疲惫的时候给予柔声的安慰。

其实不是世界变得冷漠了，而是我们的要求变多了。习惯了得到，便忘记了感恩。但你有没有想过，这个世上没有人应该无条件地对你好。他们也会难受，也会委屈，你的不知恩，只会伤透他们的心，浇灭他们的情。

“羊有跪乳之恩，鸦有反哺之义”，普普通通的动物尚知感恩，何况作为万物之灵的我们？人这一生中，要承接太多的恩情，父母的养育之恩、老师的教育之恩、领导的关怀之恩、同事的相助之恩，甚至步入晚年还需要接受晚辈的赡养之恩。

任何对我们给予过帮助的人，我们都应当真心去感恩。人与人之间的互动是你来我往的，如果每个人都能理解到对方为自己所付出的辛苦，自然能和平相处，彼此都心情愉悦。

切忌把别人对你的好当成理所当然，因为别人在乎你，才会无条件地对你好。如果你身边有这么个人，请好好珍惜。因为随着时间的流逝，你会发现这样的人越来越少，没有人会无缘无故对你好，就像世界上没有无缘无故的爱，也没有无缘无故的恨。

当你还拥有这一切的时候，请感恩，才不至于留下遗憾。

最后，送大家一首禅诗：

天恩师德报不完，无地自容愧般般。

前人成全费心田，粉身碎骨表自虔。

光的折射与心的投射

《吕氏春秋》中有这样一个故事：从前，有个人丢了一把斧子。他怀疑是邻居家孩子偷的，就暗暗注意这个孩子。他看这个孩子走路的姿势，很像偷了斧子的样子；他观察孩子的神色，也像偷了斧子的样子；他听孩子说话的语气，更像偷了斧子的样子。总之，在他眼里，这个孩子的一举一动都像是偷了斧子。

不久，他在刨土坑时，找到了那把斧子。原来是他自己遗忘在土坑里了。从此以后，他再看邻居家那个孩子，一举一动丝毫也不像偷过斧子的样子了。

“疑人偷斧”是一种心理错觉。如果人与人之间缺乏信任，带着主观偏见去看待他人，真实也会被误解为虚假，美好也会被幻化为丑恶。

感情用事，先入为主，戴着有色眼镜识人，这些都是凡夫的通病。比如某些领导在选拔人才时，常凭主观意识任命一个人，缺乏客观、公正的审核；再如夫妻，有一方特别敏感，只要见到另一半与任何异性交际来往，就吃醋、生疑，觉得是不正当关系……

过度的猜疑是一种病态。对别人越缺乏信任，产生猜疑心的可能性也就越大。另外，一些人品上的缺陷，如狭隘自私、自尊心过强、攀比嫉妒，也会加重猜疑心。

有一种鱼叫射水鱼，它能在水下往上喷射水柱，击中栖息在水面的蜻蜓、苍蝇等小动物。由于光在水中产生折射，射水鱼实际看到的景象并不真实，但进化让射水鱼掌握了光的折射规律，因此它会调整射击角度，总能击中猎物。

事物投射到我们心中，跟光线射入水中一样，都会产生“折射”。我们进行社会认知时，往往不自觉地将自身所具有的一些人格特点投射到客体身上，从而掩蔽了客体真正的人格、心理特点，扭曲了真实原貌，这就是“心理折射”。

“折射”试图改变真实的事物，这正是困惑中的大多数凡夫所做的事。“折射”后的镜像相信它自己是真实的，这也是它迷人又让人迷失之处。

凡夫认知事物很难做到像射水鱼那般精准，一击即中，但我们可以通过对世界的静观而以智慧照见，接近本真，做出正确的判断。

存在是真实的，“折射”后的镜像是虚幻的。现实的存在单纯美好，仁慈无害。让我们受苦的是满脑子乱跑的主观臆断和那些不断变幻的心理投射，以及我们对它们的盲目信任和痴迷。

最后，送大家一首北宋佛印了元禅师的诗偈：

一树春风有两般，南枝向暖北枝寒。

现前一段西来意，一片西飞一片东。

你是否有成人之美的心胸？

一个僧人在漆黑的夜晚赶路，走得跌跌撞撞，看不到前进的方向。突然，前方出现了一个提灯者，为僧人照亮了路。

僧人感谢提灯的人，而提灯者对僧人说："我其实是一个盲人。"

僧人大惑不解，问道："你既然看不到，那提灯又有什么用呢？"

"我虽然看不到光亮，但能为别人照亮，也方便别人看到我，这样，他们就不会撞到我了。"

僧人听罢，颇有感悟。

福往者福来，爱出者爱返。生命是一种回声，每一次善待他人，都会回报到我们身上，这是爱的法则。给予的东西一定会回来，种瓜得瓜，种豆得豆。有的马上呈现，比如笑脸问候；有的要等数年，比如雪中送炭的关爱和帮助。作用力与反作用力是等效的，所以，成就他人就是成就自己。

善举与感恩，都是一种美德，更是一股强大的正能量。一个人总在考虑他人，自然就放下了"我"的念头，烦恼也随之远离。为别人着想，一定也会有人想着你，这是因果，也是规律。

《道德经》中说："非以其无私邪，故能成其私。"意思就是说，那些把自己置于众人之后的人，却能得到大家的推崇，正因他们对众人的无私奉献，所以才能够成就自己。

如果大家亲近过我的恩师本焕老和尚，一定会感受到老和尚的亲切与慈悲，而且，还可能收到老和尚的一张名片。名片正面就两个字“本焕”，背面有两句话，上一句是“不为自己求安乐”，下一句是“但愿众生得离苦”。

“不为自己求安乐，但愿众生得离苦”，是本焕老和尚所发的大愿，也是他一生的行持。老和尚一辈子都在躬行这两句话，时时刻刻都在想着如何利益众生、成就众生。

人活着，有很多种生活方式：以自利为主的生活，当属凡夫行；以利他为主的生活，则为菩萨行。我们要好好想想，在生命当中，除了胜过别人、压过别人、超越别人之外，我们是否还可以成就别人？

小我追求的是自我利益，大我追求的是为他人服务，对社会有所贡献。我们可以试着去过一种以利益众生为己任的生活，像本焕老和尚一样，与众生结缘，恒顺众生，觉悟众生，利益众生。

希望大家都能发大心，做大菩萨！

最后，送大家一首唐代黄檗禅师的《答裴休诗》：

> 心如大海无边际，广植净莲养身心。
>
> 自有一双无事手，为作世间慈悲人。

别想得太好，也别想得太坏

台湾作家刘墉曾在一篇文章中讲述他对人性的认识：

有一天我到某地办事，下飞机之后搭计程车。由于是初次到那个城市，就跟司机打听当地的情形。他除了为我介绍，还发表了不少对时局的看法，两人谈得很投机。

到达目的地，表上是180元。

“给100就好了！”他居然手一挥，豪爽地说。

“那怎么成？”我递过去200元，说，“不用找了！”就跳下车。

我听到司机在背后连声喊着“谢谢、谢谢”，觉得好温馨。

办完事，我又叫车回机场。机场到了，计程表上的数字是120元，我真是哭笑不得，发现和前一位司机虽然谈得投机，但在谈的时候，他发现我是外来客，也就大绕远路。加上我给他的小费，足足多要了我80元。

但是，再想想，他后来主动说“给100就好了”，如果我照办，他不是反而亏了吗？他为什么降价？一定是谈得投机，心里过意不去了。

于是，刘墉先生感叹道："每个人都是人，都有着人性的贪婪、自私与温情……我们永远不能因为对方表现得善良，而忘记了他也有人性的弱点；更不可由他一时的卑劣，而否认他可爱的一面。"

别把人想得太好，也别把人想得太坏，因为多数人都是凡人，都是像计程车司机这样不好也不坏的人。人是有两面性的，面对太阳，每个人都有影子，每个人都有立场或私心。所谓的坏人，无非是在作恶那一刻没有善念良知，行为不计后果；所谓的好人，无非是面对恶缘和贪欲时内心存有良知善念，能规正自己的行为。

因果不空，自作自受，不作不受。不论你伤害谁，就长远来看，你都是伤害到了你自己。或许你现在并没有觉知，但它一定会遵循某种规律绕回来。同样的道理，当你带给别人欢乐，你就会得到欢乐；当你送给别人祝福，你就会得到别人的祝福。

人生也是这样，如果我们想的都是美的事情，总抱有善的念头，关爱他人、利益他人，你的人生就会很顺利，生活也总是美好的。相反，如果你心中充满贪婪、嫉恨、愚痴，总在动坏脑筋，你的人生一定不会美好。

所以，不要把人想得太坏，也不要把违缘当成过不去的障碍。顺利时，感谢帮助你的那些善缘；不幸时，感谢那些恶缘磨炼了你的心。即便你遇到了人生的最低谷，你也应当感谢上天给了你生命。感恩心，是一种巨大的精神力量。每个感恩的心念，都会种下一颗善的种子。

倘若习气消除了、妄想没有了，哪里还有好有坏呢？

当惯性思维遇上佛法

著名的心算家阿伯特·卡米洛从来没有失手过。有一天他做表演时，有人上台给他出了道题："一辆载着 283 名旅客的火车驶进车站，有 87 人下车，65 人上车；下一站又下去 49 人，上来 112 人；再下一站又下去 37 人，上来 96 人；再再下站又下去 74 人，上来 69 人；再再再下一站又下去 17 人，上来 23 人……"

那人还没说完，心算大师便立即答道："小儿科！火车上一共还有……"

"不！"那人打断了心算大师，"卡米洛先生，我是请您算下火车一共停了多少个站口。"

阿伯特·卡米洛呆住了，这组简单的加减法成了他的"滑铁卢"。

真正"滑铁卢"的失败者拿破仑也有一个故事。拿破仑被流放到圣赫勒拿岛后，他的一位善于谋略的密友通过秘密方式给他送来一副用象牙和软玉制成的国际象棋。拿破仑爱不释手，从此一个人默默下起了象棋，打发着寂寞痛苦的时光。象棋棋子被摸光滑了，他的生命也走到了尽头。

拿破仑死后，这副象棋经过多次转手拍卖。后来一个拥有者偶然发现，有一枚棋子的底部居然可以打开，里面塞有一张如何逃出圣赫勒拿岛的详细计划。

两个故事，两种遗憾。

修习佛慧，是一个抛弃错误知见、树立正见的过程。通俗点讲，就是把旧思维倒出来，把新思维装进去，脱离思维定式，直指问题本质。

上述故事中，心算家思考的是老生常谈的数字，军事家想的只是消遣。他们忽略了数字的“数字”，象棋的“象棋”。由此可见，在自己的思维定式里打转，天才也走不出死胡同。

思维定式实质上是思维活动的惯性，人皆有之。某种行为或活动如果重复进行多次，就会形成习惯保持下来，克服这些思维惯性往往十分艰难。

难在哪儿？比如，多数凡夫所认同的生命价值是“人生短短几十年，死后元知万事空”。依据这种价值观，人们建立了自己的惯性认知，认为人生的价值就在于尽可能获取更多的名利和地位，享受更多的美食、美景、美色，拥有更丰富多彩的人生体验。可惜，在佛法看来，这种惯性认知是短视、狭隘的。

只有意识到生命是轮回的，轮回的规律是因果，人生的本质是苦，极乐世界是真实不虚的，才会明白什么是生命中最重要的事情，才会舍得放下世俗的名利食色，追求解脱和渡人，使我们的身、语、意符合八正道的要求。

破除我执，就是要打破惯性思维，重新认识自己和世界的关系。人们普遍认为身心就是自我，在这个惯性认知的基础上，自我感产生了。在以自我为中心的基础上，形成了二元对立的理念。所谓二元对立，就是有与无、苦与乐、错与对、正与邪、兴与衰、荣与辱等。这种对立的理念，其核心就是自我。佛法的智慧，就是通过观察身心，发现它的本质，从而止息这些二元对立的惯性思维。当所有这些对立的习性被“无我”的实相纠正过来时，内在的苦就被拔除了。

不快乐，是因为太聪明

5

第五章

想，都是问题；做，才有答案

我生待明日，万事成蹉跎

有一位八十多岁的老禅师在烈日下晒香菇，一位年轻禅师看到后，忍不住说：“长老，您年纪这么大了，为什么还要做这种事呢？请老人家不必这么辛苦！我可以找个人为您代劳呀！”

老禅师毫不客气地说：“别人并不是我！”

年轻禅师说：“话是不错，可是工作也不必挑大太阳的时候呀！”

老禅师道：“晴天不晒香菇，难道等阴天或雨天再来晒吗？”

年轻禅师一时语塞。

我们常说“今天的事今天做”“自己的事自己做”，道理很简单，但很多人却做不到。为什么？因为每个人身上都有惰性，事情不急时，都爱往后拖一拖；事情难办时，都想假手于人，坐享其利。

对治惰性，最好的方法是克制自我，观照自心。观照思想，因为思想会变成语言；观照语言，因为语言会转为行动；观照行动，因为行动会生成习惯；观照习惯，因为习惯会养成性格；观照性格，因为性格决定命运。我们与生俱来的惰性，正是在这样不断的自我观照中，逐渐被拔除。

精进的对立面是懈慢。每个懈慢今天的人，都有一种潜意识，就是今天属于我，今天我肯定不会死，还有明天。《因缘品》云：“明日死谁知，今日当精进。彼死主大军，岂是汝亲戚？”意思是：今天死还是明天死，谁知道呢？也许明天我们就要离开这个世界了。你有什么把握明天不死？你和阎罗王是亲戚吗？

明代大学士文嘉曾经写过一首《今日歌》，诗曰：“今日复今日，今日何其少！今日又不为，此事何时了？人生百年几今日，今日不为真可惜！若言姑待明朝至，明朝又有明朝事。为君聊赋今日诗，努力请从今日始。”我们今生得到人身，难能可贵，但人身也是无常的，时间便如气泡，随时都有幻灭的可能。

“我生待明日，万事成蹉跎。”人总喜欢欺骗自己，认为一生很漫长，相信自己还有很多时间，而时间就这样溜走了，惰性也随之生成了。生命无常，经不起等待，只有珍惜今天，才会有无悔的明天。

最后，送大家一首民国袁焕仙居士的偈颂：

业识奔如许，乡关到几时。
惭言精进我，羞对天人师。
五蕴明明幻，诸缘处处痴。
藏珍谁可拟，之子欲何之。

卸下伪装的勤奋

英国作家塞缪尔·约翰逊曾说：“懒惰和贫穷永远是丢脸的，所以每个人都会尽最大努力去对别人隐瞒财产，对自己隐瞒懒惰。”

什么是对勤奋肤浅的认识呢？即重复性做一件事情，却缺乏思考；长时间做一件事情，却缺乏思考。

在凡夫的理解中，佛教的精进与勤奋、刻苦、努力几乎可划等号。但事实上，精进首先源于内心，是内心生起对某一件事的欢喜心，就是“干一行爱一行”，而非在他人的强制或号召下而为。其次是对境，可以理解为需要达成何种正确的目标。有利于目标实现的行为和态度，可以称为精进；而不利于目标实现的行为和态度，事实上是懈怠。

有一种懈怠，叫“做一天和尚撞一天钟”。世间每个人从事的工作，其实就好比小和尚面前的钟，如何敲钟、如何工作，大抵有三种态度：一是人在“心”不在，想敲就敲，不想敲就不敲，反正能拿到工资，不混白不混；二是人在“神”不在，每天按照规定，把钟敲响就行，把任务草草完成即可，从不考虑质量如何、效果怎样；三是人在“心”也在，把钟敲好，敲得能唤醒众生，达到“没有最好，只有更好”，尽自己最大努力，用心和智慧把工作干好。

在这三种表现中，大家当然希望第三种能成为主流，因为只有人人心中都有“钟”，个人才能精进，民族才能兴旺，国家才能强盛。

我们常说，一个人身处什么样的环境，就要适应什么样的环境。但话说回来，如果你不去思考，懒于用心对境，盲目地适应环境，有时会扭曲一个人的性格、正直、态度，让你无法分辨美丑、对错，以丑为美，以错为对，甚至会形成一个这样认知的群体，集体陶醉于“我在进步”的假象中，这是最可怕的。

勤于思考才能勇猛精进，有益的思考加上坚持做事情，这才是完整意义上的勤奋。如果想让自己的人生充实，那么你就该尝试着从工作中寻找到乐趣，干一行爱一行，每日检查自己的行动和心理状态，是否只考虑了眼前利益，是否有安于现状的卑怯念想，自省自戒，努力改正。

任何工作都是体面的，真正让人丢脸的是懒惰。

最后，送大家一首唐代诗人李商隐的《题白石莲花寄楚公》：

白石莲花谁所共，六时长捧佛前灯。
空庭苔藓饶霜露，时梦西山老病僧。
大海龙宫无限地，诸天雁塔几多层。
漫夸鹙子真罗汉，不会牛车是上乘。

想转运得福，请做好这件事

暴风雨后的一个早晨，一位男士在海边散步，他注意到沙滩的浅水洼里，有许多被昨夜暴风雨卷上岸的小鱼。用不了多久，浅水洼里的水会被沙粒吸收，被太阳蒸干，小鱼会干涸而死。

这位男士突然发现海边有一个小男孩不停地从浅水洼里捡起小鱼，扔回大海。男士走过去说："孩子，这水洼里有几千条小鱼，你救不过来的。"

"我知道。"小男孩头也不回地回答。

"哦？那你为什么还在扔？谁在乎呢？"

"这条小鱼在乎！"小男孩一边回答，一边捡起一条鱼扔回大海。

世间的一切有情众生，无不爱惜自己的生命，即便小如蝼蚁，如不幸溺水，尚且奋力挣扎，但聪明的人类，却往往忘记唤起自身美好的"善根"，视小鱼如草芥，予鲜花以蹂躏。

当一个人对弱小的动物毫无怜悯之情时，你能指望他尊重高级的生命吗？对人的尊重，对宇宙的敬畏，最基本的要义就是尊重生命的存在，知晓生命的不易。

一位教育家说，我们要培养学生面对一丛野菊花而怦然心动的情怀。这种情怀，就是在乎每一条搁浅小鱼生命的男孩所拥有的情怀。

时下，许多学校的教育往往忽略了学生基本人格、基本道德、基本情感的养成，以至于有些学生对生命、对世事越来越冷淡、冷漠甚至冷酷。

意大利哲学家汤玛斯·艾奎纳曾说：“一个对动物残忍的人，也会变得对人类残忍。”人皆有人性的一面，亦有兽性的一面。无论教育还是修行，其目的都是使人的灵魂得到锤炼，克服兽性而转向理性、佛性的一面。否则，你拥有的知识越多，对人类、对生命的危害越大。

佛教经典的核心就是尊重生命。放生，在佛教中属于无畏布施，是佛弟子尊重生命的践行，它蕴含着佛教众生平等的慈悲情怀，包含着因果回馈的辩证智慧。

放生在隋唐时期尤为兴盛，天台宗第三代祖师智者大师曾发动佛教徒乐捐钱财，购买浙江临海一带洼地60余处，开凿放生池，劝世人戒杀放生。临海地区的渔民受到感化，沿海四百余里尽成放生之地，存活生灵亿万之巨。

教育孩子们戒杀放生，爱护小动物，慈悲对待生灵，能唤醒他们尊重生命的良知，增加孩子的福报和智慧。这个世界上没有任何东西比生命更宝贵，尊重他众的生命，也尊重自己的生命，是心理健康的前提条件。

最后，送大家一段古人的劝世箴言：

因果分明定不差，古今种豆岂生麻？

善恶若无罪福报，圣贤岂肯信服它？

闲得发慌是一种罪过

宁宁是位女白领，喜好穿着打扮，待人热情，但工作态度很消极。同事文文好心提醒宁宁用心工作，她却满不在乎地说：“这工作能赚几个钱啊？我也就是来玩玩，等我一结婚，肯定辞职不干了，那么努力干什么？”

很快，宁宁如愿嫁给了有钱人，自然也辞掉了工作。

很长一段时间内，文文都只能在社交软件里了解宁宁的动态，宁宁更新的主题也很明了：人生最多不过几十年，辛苦是一生，逍遥也是一生，为何不好好享受生活呢？

再后来，宁宁的更新越来越少了。文文想，可能宁宁有了小孩，也就无暇顾及其他了。直到有一次，文文去商场买衣服，惊讶地发现多年不见的宁宁，现在是一家服装专卖店的店员。

细聊后才知道，原来宁宁的风光日子只维持了一段时间，后来夫妻关系破裂。为了维持生活，宁宁只能出来工作。因为当初学的知识本来就不扎实，又多年不用，正常的办公室工作早已做不来，所以宁宁就到商场做了营业员。说起当初，宁宁满脸悔恨地说，如果人生再重来一次，她一定会选择截然不同的生活方式。

种瓜得瓜，种豆得豆。没有踏实的努力，你现在所炫耀的悠闲，你现在所身处的安逸，在若干年后的某个时刻，都会被生活所击碎，最终还原在你面前的是赤裸裸的现实。

很多朋友都有过类似体验：20 多岁参加工作后，每天坐着地铁、公交上班，做着重复的工作，然后下班，刷一会儿朋友圈，逛一会儿淘宝，或是打一会儿游戏，然后睡觉，第二天再重复昨天的生活，无尽循环，也无趣至极。自问：人生真的就是这样吗?

尽管有时你也会惶恐、会不安，甚至回忆起自己年少时的拼劲，但你看着街上熙熙攘攘的人流，开始想起身边人的告诫：“稳定有什么不好？瞎折腾干吗？”

可是，当你听信了这些告诫，你也就身陷在日复一日的泥沼中，难以前行了。因为说这些话的人，往往都是安于现状、不思进取的凡夫俗子。

人生，最怕你一辈子碌碌无为，却以平凡可贵来安慰自己。悠闲而安逸的生活，对于年轻人而言是潜藏的毒药，让人安于现状、不思进取，最后以流浪生死的模式走向死亡。

当悠闲成为生活本身，任何形式的悠闲都将变得毫无疑义，如同批评才能彰显赞美的意义，只有忙碌本身才能凸显悠闲的可贵。

时间对每个人都是公平的，你对待时间的态度决定了你的人生道路。我们都是磨刀人，都在岁月的长河里打磨着自己，刀柄就在我们手中。因为用心与勤奋，我们锋芒四射，璀璨了生命；因为粗心与懈怠，我们麻木愚钝，磨卷了刀刃，蹉跎了人生。

养生优厚，病难更多；顺境安适，般若无缘。太闲，真的是一种罪过。

做事三分钟热度，怎么破?

诗人徐志摩曾说：“在我年少的时候，我疯狂地迷恋‘带我走’这句话，后来，我再也不对他人说起，因为我学会了‘自己走’。”

主动强于被动，“要我怎么样”，永远都只是一种被动；“我要怎么样”，才会真正产生创意和生产力。你抱着自己十公斤重的亲生小孩，不会觉得累，因为你打心眼里喜欢；抱着十公斤重的石头，你就坚持不了多久。

孔子曰：“知之者不如好之者，好之者不如乐之者。”人若拥有良好的心态与强烈的求知热情，他的灵感就会一触即发，如泉水般源源不断，结果事半功倍；反之，用一张愁眉苦脸面对工作，就如一部机器，没有想法和创意，做一天和尚撞一天钟。所以，一个人做事没有成绩，不一定是他没有能力，很可能是因为不喜欢。

一个人身处困境还能一如既往地帮助别人，这是一种美德；但一个人通过发展自己的兴趣而主动去创造产品和市场，给更多人带来幸福，则是一种大功德。利乐众生，须建立在一个强大的自我之上，否则，只会心有余而力不济。

凡事始于兴趣，贵在坚持。成功就是把兴趣坚持下去而已。但事实上，在工作、生活中，很多人对于兴趣都只是三分钟热度，发现自己对某件事有点兴趣，于是想要试一试，然后发现自己做不好，便放弃了。

我想提醒大家，任何事情，都非一蹴而就，不可能在短时间内成为专家。把兴趣转化为事业，就如同吃甘蔗，要细细咀嚼，一节一节往下啃。正确的路子是：决定投入——学习摸索——产生兴趣——加大投入——得心应手——取得成就，这样才是良性循环。

人都是需要成就感的，兴趣能否真正成为你的特长，在相当程度上取决于你做这件事所获得的成就感，也就是这甘蔗到底甜不甜。

你的兴趣坚持不下去，很多时候在于你做得并不好，由此对这件事和自己的能力生出了疑惑和挫折感，导致半途而废。

任何一件事，做之前要想清楚，前面考虑得越充分，后面出错乃至反悔的可能性越小；反之，决定来得越冲动，就越容易半途而废。

建议大家先试着为自己感兴趣的事投入部分时间和精力，尝试做好，不要太在意结果。在事情还未达成、兴趣还未丧失时，遇上困难不要急于改弦易辙，保持一颗平常心，坚持你的兴趣。

最后，送大家一首清代书画家郑板桥的《竹石》：

咬定青山不放松，立根原在破岩中。
千磨万击还坚劲，任尔东西南北风。

弘法寺 · 本焕塔

弘法寺 · 万佛殿

不要怕，不要悔

一位90岁的老人在离世前感慨，这一生，儿女双全、衣食无忧，但一直不快乐。因为，年轻时太懒、太胆小，没有孤注一掷地去做自己喜欢的事。后来，在自己不喜欢的工作中蹉跎了一辈子，真的不甘心。

医生问他："如果可以，你现在想对20多岁的自己说句什么话呢？"

他想了想，说："嘿，小子，你没什么可输的，去做最想做的事，马上，立刻，不要犹豫，否则你会后悔死的。"

在临终之际，人们对于生命、生活，往往有着相似的态度：做过了，无悔；没做，戳心。

美国的一家研究机构采访了多位临终关怀医生，收集了500名故人的临终遗言。结果发现，人之将死，回忆一生时，往往最大的遗憾，不在于已完成之事做得如何，而在于未完成的事一直没去尝试。

大家遗憾于未追求的梦想、未去的远方、未爱的人、未做的事，却很少有人遗憾追梦失败了、去的远方不过如此、爱人变老了、事情干糟了。

世间最珍贵的不是"得不到"和"已失去"，而是能把握现在的幸福。如何才能心安？关键要活在当下。人生最痛苦的，不是失败，而是"我本可以"。

眼前的事物往往都是最容易把握的，因为它真切地存在于你的生活中，你能看到发生的一切，你也能立刻将承诺转化为行动。

可是，正因为眼前的一切太过真实，我们似乎都有了“不识庐山真面目，只缘身在此山中”的迷惘。我们忽视了当下，却乐此不疲地追逐尚不可知的明日；我们遗忘了眼前，却百感交集地追悔已成历史的昨天。

我们一次次跌倒，往往不是因为障碍过于强大，只因我们没有把目光收回当下。因此，不要怕，不要悔。我们不用心心念念着很远的将来，因为我们的下一个当下就是将来。如果我们能够做到对每一个当下专注，对每一个当下认真负责，在下一个当下中自然无忧无悔。

活在当下，才能将时间永恒化。

最后，送大家一首著名革命家董必武的《惜时》：

逆水行舟用力撑，一篙松劲退千寻。

古云此日足可惜，吾辈更应惜秒阴。

关于荷花定律，你悟到了几分?

有个荷花池，第一天荷花开得很少，第二天开放的数量是第一天的两倍，之后每一天，荷花都会以前一天两倍的数量开放。如果到第 30 天，荷花就开满整个池塘，那么请问：在第几天，池塘中的荷花刚好开了一半?

第 15 天?

错！是第 29 天。

这就是著名的“荷花定律”，也叫“30 天定律”。

飞蛾破茧，小鸟出壳，都需要前期的积累，最后一天才能加速破茧、破壳而出。在处事上，我们何尝不是如此？“行百里者半九十”，此言末路之难也。做事越接近成功，难度就会越大，越要认真对待。

很多人的一生，就像池塘里的荷花，一开始用力地开，玩儿命地开……但渐渐地，你开始感到枯燥甚至是厌烦，你可能在第 9 天、第 19 天甚至第 29 天时放弃了坚持。这时，往往离成功仅一步之遥。

谁的人生都有低潮的时候。当你抱怨收入不如人时，当你抱怨运气不如人时，请想想，是不是你的努力、付出还不够？是不是你的坚持还不够？是不是考试没考好就自暴自弃？是不是工作中遇到困难和挫折就放弃了目标？是不是第一次创业失败就放弃了奋斗？

老子说：“慎终如始，则无败事。”荷花定律告诉我们，拼到最后，拼的不是运气和聪明，而是毅力。

成功是一个循序渐进的过程，不必急功近利，不必追求立竿见影，只要每天能比前一天有一点突破、有一点改善，朝着正确的目标持续努力下去，就一定能获得成功。

反之，当你的眼睛只看到困难，而看不到隐藏在困难背后的目标时，你就会在困难面前妥协，在失败之后放弃，最终与成功失之交臂。

一辈子太长，一秒钟太短，30 天不长不短刚刚好。这 30 天，你可以改掉一个坏习惯，也可以培养一个好习惯。

简单的事，天天坚持，就是不简单；平凡的事，认真做好，就是不平凡。

最后，送大家一首宋代守珣禅师的诗偈：

终日看天不举头，桃花烂漫始抬眸。

饶君更有遮天网，透得牢关即便休。

愚蠢的人都在找捷径

一男子外出买酱油，归来途中，突然想到了一个问题，便沉迷于思考，边走边想，不料撞到了电线杆，手中的酱油洒落了一地。他生气地对电线杆说："你为什么要站到人行道上呢？把我撞倒了不说，还毁了我的酱油。"然后悻悻离去。路人见他一本正经地和电线杆说话，大笑不已，猜测道："这人脑子有问题，是个傻子吧？"

正是这个被路人嘲笑的男人，证明了数学界著名的难题哥德巴赫猜想，他就是陈景润。

聪明的人相信勤奋，愚蠢的人相信天才。聪明的人，都在默默下笨功夫；愚蠢的人，还在偷偷找捷径。针能刺物，是因为把力集中在了针尖上；刀能切物，是因为把力集中在了刀刃上。束光燃纸，是因为一直照在一点上；滴水穿石，是因为一直滴在一点上。没有勤奋和专注，就没有成功。真正聪明的人，之所以具有更强的耐力和忍受力，是因为他们看清了事情的本质，知道某个人或者某些事情对于自己的影响和意义，因此能够深刻体会坚持的重要性。

大愚才能藏大智。大智慧之人，不与庸人较高低，所以常常被人嘲笑为傻。殊不知，真傻的恰是动辄嘲笑别人的人。

湖南湘乡流传着这样一个笑话：一日，曾国藩在家读书，一篇短短的文章，读了很多遍还背不下来。一个小偷本想等他入睡之后行窃，可左等右等，就是不见他睡。小偷忍无可忍，跳出来大叫："这种笨脑袋，读什么书？！"这个笑话并非空穴来风。曾氏一族的天资并不出色。曾国藩的父亲曾麟书，一生考了17次秀才，直到43岁，才勉强过关。但另一方面，天资平平的曾国藩，却是个极为"精明"的人。

时太平军起，举国束手无策。曾国藩的湘军每到一处并不急于进攻，而是安营扎寨固守。他的做法被朝廷大部分人认为是无能，徒耗军饷。可他却靠着这种"结硬寨"达到了"制人而不制于人"的目的，平定叛乱，立下赫赫战功。

后人评价他：用世界上最笨的办法，打了最聪明的仗。

正是与众不同的"笨拙"，成就了曾国藩非同一般的精明和高明。曾国藩的人生哲学很独特，那就是"拙"。他说："天下之至拙，能胜天下之至巧。"在佛家眼里，这种对善法的不懈追求，叫作精进。

《显扬圣教论》曰："精进者，谓心勇、无堕、不自轻贱为体；断懈怠障为业，如前乃至增长精进为业。"心勇是什么？就是意志坚强。无堕，就是不会后退。不自轻贱的意思是，办事很慢、很拖拉，是自甘轻贱造成的。像诸葛亮劝刘禅"不宜妄自菲薄"，其实不是说你真的不行，而是为自己的不努力找借口。

最后，摘一段梁启超先生在《曾文正公嘉言钞》中的话赠予大家：

> 其一生得力在立志，自拔于流俗，而困而知，而勉而行，历百千艰阻而不挫屈；不求近效，铢积寸累，受之以虚，将之以勤，植之以刚，贞之以恒，帅之以诚，勇猛精进，坚苦卓绝。如斯而已，如斯而已！

说好的晨练，为何总做不到？

畅销书《微习惯》的作者斯蒂芬·盖斯，在这本书中提到自己的亲身经历。

他最开始按计划每天做 30 分钟俯卧撑，发现根本做不到。直到有一次，盖斯心想，管它呢，随便做一个也好啊。

当他开始只做一个俯卧撑的时候，事情发生了变化。做完第一个，盖斯觉得状态还不错，就继续做第二个、第三个。一整年时间里，他都只要求自己每天做一个。

结果是，每次做起来自然不只一个，因为没有心理负担，盖斯发现做俯卧撑的习惯就这样坚持下来了；而且只想着做一个，就不受时间、环境的限制，有时候睡不着，就爬起来到地板上开始做俯卧撑。

后来，盖斯如法炮制，在阅读和写作上也使用这个方法。盖斯在每天写 50 个字的小目标的推动下，写出了畅销书《微习惯》。

做事本身就是考验，订立目标时，觉得没什么难的，相信自己一定能做到。当你去坚持完成时，你会发现内心的毛病、习气都浮现出来了。放下安逸享受，无所求地去做，战胜那些妄念，就是修行。

居士小宋生完孩子以后，体形一直未恢复，体重居高不下。她下了无数次决心，要开始健身、跑步，都以失败告终。小宋每次立的目标都很大，比如明天要练一个小时健身，以及跑步一个小时。

但实际上，到了翌日晨起的时候，小宋就开始想，今天干脆放弃吧，明天再开始好了。她会给自己寻找很多借口，比如昨天睡觉很晚，今天工作量很大，上班已经很累了，所以算了吧，明天一定开始。

一个人若有懒散的积习，即使订立了目标，其拖拉与不节制的习惯，也会造成时间上的浪费，从而在执行的效果上大打折扣。之后若因此而自责的话，就容易感到不安与后悔，最后很容易破罐子破摔，干脆不做。

人们难以自律，很多都是因为一开始便订立了过于宏大的目标。一旦目标立得太大，就很容易在执行的时候望而生畏，最可能的结果就是直接放弃。所以，《微习惯》的作者盖斯给了我们一个很不错的对治之道，就是把目标范围缩小，从只做一个俯卧撑开始，关键是开始去做。做着做着，你会发现，所有的心理负担都消失了，你实现目标所受到的客观限制也变少了，随时随地都可以开始。从最微小的目标开始，形成一种新的习惯，让自律渐渐成为一种本能。

反之，不自律，会让人在浑浑噩噩、随波逐流的日子里，毫无意义地耗费生命。到头来，身体和意志力都在这种自我放纵中逐渐沉沦。

当自律变成一种本能，未来的你会感谢现在的自己。

最后，赠大家一首宋代诗人陆游的《冬夜读书示子聿》：

古人学问无遗力，少壮工夫老始成。

纸上得来终觉浅，绝知此事要躬行。

你是真勤奋还是假努力?

你对以下现象会不会有同感?

周一到周五，大家几乎没时间在家吃个像样的早餐，边走路边啃包子上班的人随处可见；无论是上班族还是做生意的，每天工作 10 小时以上是常态；大多数人天天都像在过“劳动节”。

每天那么忙，工作时间那么长，手机 24 小时开机，上级可以在任意时间下指令，但我们赚到的钱和勤奋程度似乎不成正比；如果算时薪，收入就更低了……

今天就来聊聊这个话题：我们为什么勤劳而不富有?

生活中，我常听到许多居士抱怨：明明付出了比他人更多的努力，但别人似乎就是看不到，甚至佛祖也没看到，所以自己没有得到相应的回报。居士们的抱怨让我开始思考“勤奋”与“结果”之间的关系，到底怎样的勤奋才算真正的勤奋?

观察我们身边不少看似勤奋的人，却过得不怎么样，为什么? 因为他们是“低效勤奋者”。低效勤奋者有两个特征：一是懒于思考，被动学习、被动工作；二是目标达成感并不强烈，为了勤奋而勤奋，像是在作秀。这就导致他们做事效率低，成长慢。

先说说懒于思考。我们大多数人从进入学校开始，就习惯了被老师的教学计划牵着鼻子走；参加工作后，习惯了被上级的指令与监督驱使着行动。这就是所谓的被动学习与被动工作。

采取这种被动的学习与工作方式的人，亦步亦趋，跟着别人的思维走，既没有偷着懒，又什么都干不好、做不到位，内心充满压力感。

再谈谈什么是“为了勤奋而勤奋”。微信的朋友圈里有不少人喜欢深夜发照片，说自己又加班了；或者发在健身房的照片，说自己为了瘦身挥汗如雨几个小时，收获大量点赞。

可有时我们会发现，说加班的人其实并没有做太多的工作，只是习惯了拖延；挥汗健身的人，很多时候会晒出各种油炸零食和烧烤的图片，美其名曰“犒劳自己”。那这种加班和健身，又能有多大希望达成目标呢?

生活总是会对真勤奋的人好一点，所以，请摆脱“假努力”的状态。

最后，赠大家一首宋代诗人刘过的劝学诗《书院》：

力学如力耕，勤惰尔自知。

便使书种多，会有岁稔时。

不快乐，是因为太聪明

第六章 禅说断舍离

6

你有断舍离的打算吗?

吉姆·特纳40岁时，继承了30亿美元的资产，就任美国莱斯勒石油公司总裁。人们都以为他上任后定会大干一番，但他却在盘点公司资产后，只留下维持公司正常运营和保证自己家庭生活的必需资金，将剩余的钱全部捐给了社会。他说：“这笔钱对我没有实质意义，减去它就是减去了我生命中的负担。”

加勒比海海啸给莱斯勒石油公司造成了1亿美元的损失，但在员工眼中，却永远看不到吉姆·特纳愁眉苦脸的样子。在董事会上，他依然谈笑风生地说：“纵然损失了1亿多美元，我还是比你们富有10倍，因为我有多于你们10倍的快乐。”

他的一个孩子在车祸中不幸身亡，他却坚强地说：“我有5个孩子，减去1个痛苦，还有4个幸福。”

吉姆·特纳85岁谢世。他在自己的墓碑上留下一行字：我最欣慰的事，是用好了人生的减法。

欲海难填，不如知足常乐；蛮欲缭身，何以解脱？当断，当舍，当离。了断与幸福不相干的念头，舍弃对物质的执念，脱离因无明而生的内耗。

当你烦恼时，想想人生就是场“减法”，见一面少一面，活一天就少一天。你开心，这一天过了；不开心，这一天也过了，还剩多少时间给你折腾呢？

生活中需要减去的“负担”很多，比如舒适的生活环境、一生追求的理想、心爱的饰物、喜好的玩物、财富、旧习惯等等。

人生路漫漫，做加法不如做减法。当工作、学习与生活让我们不堪重负时，我们就应该在人生的清单上减去一些不需要的东西，让包袱轻一点，负担少一点，感受深一点，快乐多一点。

做减法有时是主动的，有时是被动的。放弃不仅是一种割舍，更是调节的手段，当事情发展到“弃之可惜，食之无味”的地步时，还是早早放下为好。

早在两千多年前，释迦牟尼佛就为世人做出了断舍离的完美示范。世人所追求的至高无上的权势、富可敌国的财富、美好的王宫生活、娇妻爱子……佛陀通通舍弃了，他通过艰苦修行，终于在菩提树下悟道，创立佛教，度化众生。

也许很多人会说，我没法像佛陀那般，做出那么彻底的断舍离，我还是想追求幸福美好的生活。其实，有舍才有得，如果在追求幸福自在的人生道路上，你发现做加法并不奏效，甚至愈行愈远时，不妨试试给自己的人生做做减法，没准儿就会柳暗花明又一村。

断绝不需之物，绝离苦恼执念，摆脱负累，回归本心，幸福就这么简单。

最后，送大家一首唐代诗人白居易的诗偈：

蜗牛角上争何事？石火光中寄此身。

随贫随富且欢乐，不开口笑是痴人。

卸了妆，你还美吗？

一女子问禅师：“师父！我长得这么漂亮，每天都被一大群男人缠着送礼物、请吃饭、看电影等等，我又不好意思拒绝别人，该怎么办呢？”

禅师默默地从池塘中舀起一瓢水，一把淋在女子头上。

女子惊慌失措，片刻后恍然大悟：“我懂了，您是要我头脑清醒、心静如水，以清澈的心态面对世间万物，是这样吗？”

禅师道：“阿弥陀佛！其实没这么复杂，你只要把妆卸了，世界就清净了。美不美，一瓢水，卸了妆，全清净！”

演戏的人，上台之前通常需要浓妆艳抹，涂上许多油彩，而演完戏的第一件事总是及时卸妆，恢复本来面目，避免油彩伤害皮肤。

爱美之心，人皆有之。除了出家修行的女众外，这世上恐怕没有一个女人不希望自己容貌姣好，形体端庄。人生需要化妆，然而最美的却是卸妆。化妆后美丽的自己，终究不是真实的自己，心灵也一样，需要适时卸妆。只有恢复到真实的生命原貌，才能避免世俗的虚荣与混乱灼伤真我。

即使要化妆，也不要只给脸化妆，还要学会给自己的生命化妆。台湾作家林清玄有一篇文章叫《生命的化妆》，一位化妆师对他说：“化妆只是最末的一个枝节，它能改变的事实很少。深一层的化妆是改变体质，让一个人改变生活方式。睡眠充足、注意运动与营养，这样她的皮肤改善、精神充足、比化妆有效得多。再深一层的化妆是改变气质，多读书、多欣赏艺术、多思考、对生活乐观、对生命有信心、心地善良、关怀别人、自爱而有尊严，这样的人就是不化妆也丑不到哪里去。脸上的化妆只是化妆最后的一件小事。我用一句简单的话来说明：三流的化妆是脸上的化妆，二流的化妆是精神的化妆，一流的化妆是生命的化妆。”

许多出家人在洗脸时，会念诵：“以水洗面，当愿众生，得净法门，永无垢染。”作为一个佛弟子，尤其是女众，在每天梳洗的时候，应提醒自己在庄严身相之时，不要忘记庄严心相。如此内外皆修，才是真正的化妆。

露身相易，展心相难。容貌、财富、荣誉、身份、头衔等等，都可以成为涂抹身相的油彩。但当生命洗尽铅华，恢复真相之时，我们是否仍然敢于面对那个素面朝天的自己？

最后，赠大家一首宋代枯木禅师的诗偈：

门前自有千江月，室内却无一点尘。

贝叶若图遮得眼，须知净地亦迷人。

抓不住的沙，不如送它一程

日落黄昏，倦鸟归巢。突然，一个年轻人面容狰狞、怒气冲冲地跑到高高的山岗上，发泄似的狂喊着。年轻人的暴躁惊动了不远处打坐的禅师，面目慈祥的老禅师缓缓走到年轻人面前与其攀谈。

老禅师眯着眼听年轻人的倾诉：年轻人从一个边远小城来到大都市闯荡，经过多年的打拼，好不容易在企业里干到了中层管理人员的位置，身边也有了相识几年的女朋友。可现在这一切都毁了，老板因为种种原因要将他辞退，正培训替代他的新人。而女友知道他很快将失去这份收入丰厚的工作，也提出了分手。

“我跟了老板整整 8 年呀！他一句话就让我走人！我的女朋友当初来到这个城市时举目无亲，是我帮她找了工作，全力以赴地照顾她，可她却在我最艰难的时候选择了离开！”年轻人愤怒的双眼充满了血丝。

老禅师拍了拍年轻人的肩膀，伸手去抓一片飘来的柳絮，柳絮轻盈而调皮，每次都从禅师的手掌中飘走。老禅师看着柳絮道：“这世上种种美好与精彩，我们并不一定都能抓到；既然抓不到，倒不如送它们一程，让它们活得更加精彩飘逸，让自己得到安宁与豁达。”

年轻人呆立良久。忽然，他的脸上露出了淡然的微笑，他向禅师深深鞠了一躬，转身下山去了。

返城后，年轻人将自己在工作中积累的经验都毫无保留地教给了那个即将接替他的新人。当他离开公司的时候，老板紧紧握住他的手，动情地说：“我对不住你，没想到你还能这样帮公司！你这个朋友我记住了，以后有事就来找我。”年轻人笑着和老板告别。

和女朋友最后道别时，他送给她一份特别的礼物——治疗风湿的膏药。女朋友患有风湿病，每次疼起来都在床上直打滚，女孩看到这份礼物之后，哭得差点抽搐过去。他安慰完女朋友之后，潇洒地转身离开。

在随后的日子里，他始终奉行一个原则——能抓住的人和缘分，他都加倍珍惜；不能抓住的种种，他就笑着送它们一程。这样的心态让他赢得了很多人的尊重，也得到了别人更多的回报和帮助，生活也渐渐走出了困境。

与其攀缘，不如成全，抓不住的沙，不如顺手送它一程。心里放不过自己，是没有智慧；心里放不过别人，是没有慈悲。

世事无常，人生中，我们总是在不断地离别，不断地说再见。车站的告别、毕业的告别、分手的告别、临终的告别，这样的离别每天都在不同的城市、不同的角落上演着。

盖因这世界原本就不属于你，所以你用不着为离别难过，要放下的，是对一切的执着，要明白“万物皆为我所用，但非我所属”的道理。来的是偶然的，走的是必然的，所以你必须随缘不变，不变随缘。宁可自己去原谅别人，莫让别人来原谅你。

很多人都有个毛病，那就是自己没有能力获得的东西，看到别人得到了，或者看到别人所具备的一切，就心生不满、怨天尤人，甚至还会诋毁他人。要对治这种心毒，唯有“成全”二字，就是把人扶上马再送一程。

佛菩萨利人不利己，是因为佛菩萨有着要将众生从苦海解救出来的慈悲，把别人的失败带到自己身上，把别人的痛苦吸收到自己心上，把自己的成功施与别人，把自己的快乐施与别人，而且，不愿意看到众生痛苦，更不愿意看到众生烦恼。这就是“成全别人即成全自己”的大乘佛法精神。

生活就是一个道场，一切喜悦，都来自希望别人能快乐；一切痛苦，都来自希望自己能快乐。

最后，赠大家一首宋代清豁禅师的《过三岭苧溪》：

世人休说行路难，鸟道羊肠咫尺间。
珍重苧溪溪畔水，汝归沧海我归山。

人生如杯，空盏以对

日本明治时代有一位著名的南隐禅师，是一位开悟的大德。有一位学者很喜欢禅，看了很多佛法方面的书，想跟南隐禅师讨论一番。

见面之后，这位学者就开始讲他对禅的认识、对佛法的理解，滔滔不绝。南隐禅师却一言不发，只是静静地泡茶。泡好茶后，禅师拿了一只茶杯放在学者面前，一直给他倒茶，茶杯很快倒满了，但禅师仍然不停，水都已经溢出来了。

学者忍不住说："大师，不要再加了，水溢出来了。"

南隐禅师道："你的心就像这杯子一样满，你不把自己的杯子倒空，叫我如何对你说禅？"

心要放空，念要放平，方能净心清神，这是我们打坐、禅修时的入定法门。我常说，一个人如果心中不空掉各种成见与执着，那么不要说参禅，就是思考和创造都成问题。一个人在多大程度上体悟到空性，决定了他能做多大的事情。

麦秆长得越饱满，麦穗垂得越低。人亦如此：越有才华，就越要"倒空"自我，学会低头。这种"低头"，不仅是求知路上必要的谦逊，也是重塑自我的前提。吐故方能纳新，什么都舍不得扔，只会积累一堆看似有用、实则过时的糟粕。

每个人都有自己倚仗的才华、引以为傲的本领，但在某种程度上，这种过往的经验所带来的自满，会妨碍我们接纳新知。人如果失去接纳新知的能力，也就失去了改变和创造的可能。

我的师父本焕老和尚，当年就是凭借“不予我任何肯定”的方法，将我以前头脑中建立的东西击得粉碎，然后把我真正的信心、真正的智慧、真正的慈悲宽容从内心深处渐渐生起来。

赵州从谂禅师在《鱼鼓颂》中写道：“四大由来造化功，有声全贵里头空；莫怪不与凡夫说，只为宫商调不同。”“四大由来造化功”，是说宇宙万物都由地、水、火、风四大要素和合而成。寺庙里用以报时的鱼鼓也不例外，同样是四大造化而成。那么鱼鼓为何能发出声音、发挥报时的作用呢？根本原因在于它是空的。

人们往往以为一个物件有体才有用，但实际上，物件要真正有用，还依赖于空，即改变和创造的可能性。

最后，送大家一首唐代寒山大师的《碧涧泉水清》：

碧涧泉水清，寒山月华白。
默知神自明，观空境逾寂。

得失之间，唯有坦然才最真

甲鱼这种动物，不爱生病，天敌也少，唯一怕的就是小小的蚊子。如果被蚊子在头上叮一口，很可能创口溃烂难愈，最后死掉。所以甲鱼喜欢埋身在很深的泥沙中，就是怕被蚊子叮咬。奇妙的是，甲鱼在死后会“复仇”，其鳖壳燃烧后产生的烟雾，蚊子吸入后不死也晕。故有些高级蚊香里，会加入适量的鳖壳粉，用以驱蚊。

卤水点豆腐，一物降一物，万物相克又相生。诸如简单的儿童游戏“石头、剪子、布”，其规则也蕴含循环相克之道：石头砸剪子，剪子剪布，布包石头。万物皆有克星，因此各有所怕，人也一样，因对“克星”心生畏惧，无法应对压力、灾难、痛苦，所以会产生“身苦”和“心苦”。

生活中的很多人和事，看似无法相融，就像水与火、天与地、生与死。忠厚老实者，难免谈吐无趣；细腻温柔的人，怎会胆大包天；好名好利者，不可能喜欢清静；朋友满天下的人，往往缺乏真正的知己。

人生路上，非得经历一些甘苦，看破一些爱恨，学会一些进退之后，才知道生命中总会有一些牵制、缺陷、亏损、无奈，让你无法心想事成、面面俱到。祸兮福所倚，福兮祸所伏。“小皇帝”生活无忧无虑，这是“福”；在衣来伸手、饭来张口的优越生活中，却失去了自理、自立的锻炼机会，这可谓是“祸”。

当我们内心明晰时，就很容易知道自己需要什么。得到的同时，必然也会伴随着失去；但如果一念无明，不清楚自己真正的需要，就很容易为得到的不满足，为得不到的而痛苦。

得失持衡的法则，在令人遗憾的同时，也在告诉人们，这才是人生，充满了相生相克、此消彼长。抛开利益得失，众生都是平等的，没有低贱和高贵之分。大家的开始与结局都一样，能带来和带走的也都相同，不同的只是我们走过的路和经历的过程。

世间万物在相互克制的同时亦相互融合，一切都是有联系的整体，不可分割。如果我们伤及生命乃至周遭的一切有情众生，也会伤及我们自身。取舍之间，必有得失，唯有坦然才是最真。

最后，为大家节选一段唐代永嘉禅师的《证道歌》：

取不得，舍不得，不可得中祇么得。

默时说，说时默，大施门开无壅塞。

有人问我解何宗，报道摩诃般若力。

或是或非人不识，顺行逆行天莫测。

吾早曾经多劫修，不是等闲相诳惑。

不吵不闹不炫耀

寺庙收留了一个年方 16 岁的流浪儿。这个流浪儿头脑灵活，给人一种脚勤嘴快的感觉。灰头土脸的流浪儿在寺庙剃发沐浴后，变成了一个干净利索的小沙弥。

一年后，方丈发现了小沙弥的弱点——心浮气躁、喜欢张扬。例如，他一旦领悟了某个禅理，就一遍遍向其他僧侣炫耀。

一天，方丈将一盆含苞待放的夜来香送给小沙弥，让他在值更时观察一下花卉的生长状况。翌日，小沙弥欣喜若狂地抱着那盆花，当着众僧的面大声对方丈说："您送我的这盆花太奇妙了！它晚上开放，清香四溢，可一到早上，它又收敛了香花芳蕊。"方丈轻声问小沙弥："它晚上开花时吵你了吗？"小沙弥答："没有，它开放和闭合都是静悄悄的，哪会吵我呢？""哦，原来如此。"方丈以一种特殊的口吻说，"老衲还以为花开的时候必须得炫耀一番呢。"小沙弥愣了一下，脸红了，对方丈说："弟子知错了，知错了。"

谦虚是一种生活态度，它能对治傲慢的心毒。真正有实力的人，往往处于平静祥和的状态，因为不自卑，所以不炫耀。

如果想知道一个人内心缺少什么，那么只需看他在炫耀什么。如果想知道一个人自卑什么，那么只需看他在掩饰什么。炫耀之人，实际上无法通过炫耀博得声誉、

┫弘法寺 · 万佛殿

弘法寺 · 经堂

魅力、幸运，只能招致反感、鄙视、嫉恨，甚至祸患。

越是炫耀什么，就越要当心未来会失去什么。有了宝珠，到处炫耀给人看，小偷就会特别想来偷取你的宝珠。再则，炫耀也会损毁自己的功德。

佛说，止语积福德。人有三种不可说：一是自己的功德好处，二是他人的恶处不善，三是自己未来的计划。止语是一种修行，事以密成，语以泄败。做事要低调，勿张扬，因为低调，阻力才小，障碍才少。

孔雀以开屏来炫耀自己的美丽，公鸡以啼鸣来炫耀自己的嗓音，动物的炫耀是种本能，否则找不到配偶。同样，人类的炫耀也是一种本能，有秀财富的，有秀身材的，有秀人脉的……人都想在别人眼中变得优秀，但往往忽略了自己炫耀的对象也是同样的心理。我经常对较优秀的弟子们说："不要招致别人的羡慕、嫉妒、恨啊。"此话半开玩笑也半认真。话说回来，我们在面对别人的炫耀时，应有豁达的心胸。唐代的诗僧王梵志曾写过一首打油诗："他人骑大马，我独跨驴子。回顾担柴汉，心下较些子。"这里说的"较些子"意即心里觉得比较好受些了。

俗话说，人比人，气死人。但你如果调整心态，懂得"天外有天，人外有人"，看到别人的优点，学习别人的长处，也能够接受别人的长处，自然能保持一颗平常心。山深愈幽，水深愈静。大海寂静流深，从不喧哗，其博大与宽广却为人共识。

最后，送大家一首唐代诗人杜荀鹤的《赠质上人》：

枿坐云游出世尘，兼无瓶钵可随身。

逢人不说人间事，便是人间无事人。

为什么说“一切都是最好的安排”

有一位国王喜欢打猎，也常与宰相微服出游。宰相最常挂在嘴边的一句话就是“一切都是最好的安排”。

一天，国王一箭射倒一只花豹，下马检视花豹时，花豹使出最后的力气扑向国王，将国王的小指咬掉一截。回到宫中后，国王叫宰相一起饮酒解愁，谁知宰相却笑道：“大王啊，想开点儿，一切都是最好的安排！”国王听了很愤怒：“如果寡人把你关进监狱，这也是最好的安排？”宰相笑着说：“如果是这样，我也深信这是最好的安排。”国王大怒，派人将宰相押入监狱。

一个月后，国王养好伤，独自出游。他来到一处偏远的山林，忽然从山上冲下一群土著人，把他五花大绑，带回部落。山上的原始部落每逢月圆之日就会寻找祭祀满月女神的牺牲品，土著人准备将国王烧死。正当国王绝望之时，祭司忽然大惊失色，他发现国王的小指头少了半截，不是完美的祭品，于是土著人将国王放了。

国王大喜，回宫后释放了宰相，摆酒宴请。国王向宰相敬酒说：“你说的真是一点儿都不错，果然一切都是最好的安排。如果不是被花豹咬了一口，我现在恐怕连命都没了。”

国王忽然想到什么，问宰相：“可是你无缘无故在监狱蹲了一个月，这又怎么说呢？”宰相慢条斯理地说：“如果我不是在监狱里，那您一定会叫我陪您微服私巡，当土著人发现您不适合祭祀，那岂不是就轮到我了？”

国王哈哈大笑：“果然没错，一切都是最好的安排！”

“一切都是最好的安排”，这不仅仅是个答案，也是人们的一种寄托与祈祷，更是一种最清净的真相。虽然这是一句很简单的话，但其中蕴含的道理，许多人可能一辈子都悟不透。

在生活中，我们希望一切都朝着我们所希望的方向发展，变成我们所喜欢的样子。但是，这种想法恐怕会让人失望。因为诸行无常，很多困境无法避免，事情常常不会如我们所希望的那样发生。

认识到一切都是无常，就不会受困于期待；如果不去盲目期待，就不会攀缘执着；如果不去攀缘执着，就不至于患得患失，也就可以完全真实地活着。

我一直坚信，人心本向光明，无论经过多少狂风暴雨，都丝毫不会影响到我们心中的那一片光明。面对那些不快乐的情绪，我们需要改变。这个时候，“一切都是最好的安排”就在起着神秘的作用。这就是佛教所说的“灭苦”。

最后，送大家四句佛门禅语：

无论你遇见谁，他都是对的人。

无论发生什么事，那都是唯一会发生的事。

不管事情开始于哪个时刻，都是对的时刻。

已经结束的，就已经结束了。

享不了洪福，就享清福

明代有个人，每天半夜跪在庭院烧香拜天。这人拜了 30 年，十分诚恳，终于有一夜，感动了一位天神。这位天神说："你每天夜里拜天，很虔诚，你想要什么？"这人想了一会儿说："我什么都不求，只想一辈子有饭吃、有衣穿、不会穷，多几个钱可以一辈子游山玩水，没有病痛，无疾而终。"

天神听后道："唉！你求的这个，乃上界神仙之福。你若求人世间功名富贵，无论是做官还是发财，都可以答应你，但上界神仙的清福，我没法赐予你。"

人生之福分为两种：一是洪福，即实现俗世理想，成为达官显贵，享受人间繁华；二是清福，即安于平凡，超然物外，享受心之清闲和欢乐。没有人能同时既享洪福又享清福。追求物质和名利，必以劳心为代价；追求精神的愉悦和超脱，须以淡泊为基础。

清净的福叫作清福。有稳定的生活保障，有安定的社会环境，事业有成，身体健康，家庭和睦，子孝孙贤，没有什么大的烦心事，就是享清福。

人生洪福易享，但清福却不然，没有智慧的人享不了清福。人到晚年，本来可以享清福了，但不少人反而觉得痛苦，因为一旦退休，无人可管、无事可做，人就寂寞，闲得无聊，闲得发慌，担心自己失去存在感，心根本平静不下来。

鲁迅先生曾说：“有好茶喝，会喝好茶，是一种‘清福’。”世上有三种人，一种人是有好茶，却不会喝；一种人是会喝茶，却没有好茶；一种人是既有好茶，又会喝茶。很多人退休后，衣食无忧，家中妻贤子孝孙子乖，而且身体也没什么大毛病，本该“有好茶喝”，但就是心中不喜这杯茶，放不下贪、嗔、痴，“有好茶却不会喝”，这就叫清福难享。清福难享可以从两个方面理解：一个是拥有这个“福”很难，因为它太稀有。正如上述故事中天神所言，这是上界神仙之清福，凡夫又如何能享呢？清福难享的另一层意思是，会享受这个“福”也很难，不是每一个人都能承受繁华落尽的寂寞，不是每一个人都有那份“喝茶”的闲心和从容。有的人曾经手握权力，习惯了前呼后拥的生活，要突然放下，真的很难。

所以，很多人享得起前半生的洪福，却享不了后半生的清福。为什么？因为世人往往沉迷于世事，非名不是福，唯钱才是道，争名夺利久了，日熏月浸，深陷难拔。一个人老了，若不甘心静静品尝记忆的甜美，那么失落时便如万蚁噬心般苦痛。

人会老，心要淡，走入世间是红尘，走出世间是清净。无论是洪福还是清福，生在福中要惜福。

最后，送大家一首元代词人侯善渊的《益寿美金花》：

忽然省悟，儿女妻奴全不顾。
万事都忘，一性恬然道自常。
天霓清福，契道登真明上德。
微宴心光，丹碧瑛华益寿长。

一瓶饮料的出离心

有位老法师酷爱喝雪碧。一天，一位老中医拜访了他，老中医跟法师详谈了雪碧这类碳酸饮品会导致过度肥胖并对身体造成损害。法师听后，深深意识到了饮料对健康的威胁，决定远离雪碧。但雪碧是法师十多年朝夕相伴的东西，可以说是一个上瘾的状态，哪是说戒就能戒的呢?

这位法师并没有立下军令状，强制让雪碧在生活中消失，而是继续喝，但每次喝雪碧前，法师会将它拿在手中，盯着它看。他在心里默默告诉自己，这个东西对我的身体有害，我不能再像以前那样喝它、依赖它。

法师静静地、专注地看着雪碧，就好像自己从身体里跳出来，站在躯壳之外，看着这里有这样一个非常想喝雪碧之人。而跳出来的那个自己会不住劝道："饮料对你身体不好啊，不要再喝啦！"

法师在经过这样一个自我观照的过程后，才会把雪碧喝掉。渐渐地，法师喝雪碧的次数开始减少，变成了几天喝一次。几个月后，法师基本已不再喝了。

但是，这位法师并不是强制性戒断，而是从依赖雪碧的状态中抽离了出来。后来的他，对于雪碧的态度是可有可无。没有的时候并不会想喝，有的时候亦不会扰乱自己的心智。

许多居士曾向我请教关于出离心的问题。出离心并不是要出家，而是要跳出尘世间的烦恼，不被世俗的烦恼束缚。出离，是出离对世间的贪欲。出离心不是逃避，不是消灭，而是一种放下贪心和欲望的心态。

要想改掉一种习惯，或是戒除一个朝夕相伴已然成瘾的东西，不能像做手术那样一刀切除，那会导致很多负面结果，最终跟抽刀断水一样水还流。

许多朋友对于香烟、酒精、甜食的戒除往往过于武断。他们试图强行将欲望压制下去，不跟自己的内心和身体进行交流。结果是，反复戒断后，心瘾的能量仍然存在，并没有得到根本疏导。要想真正放下一个东西，必须直面它，跟自己的内心去交流，慢慢达成一种可有可无的淡然心态。

人心就是这样，你越压制，它越对抗；越想纠正，它越如影随形。相反，当你无意中把它忘掉，或者学会欣赏、接纳它，不再把它时时挂在心头时，它便从你身上消失了。

如果你想知道自己是否具有出离心，可以用这种方法检验：在过去对你很重要的一件事，现在是否对你一点都不重要了；过去可以轻易激怒你的事，现在你是否毫不在乎了。当你不再执着一件事物或一种习惯，它就失去了指挥、摆布你的能力，你也就获得了自在。

最后，送大家一首日本临济宗的梦窗禅师的《山居偈》：

青山几度变黄山，世事纷飞总不干。

眼内有尘三界窄，心头无事一床宽。

当你只盯住钱时……

“罗辑思维”创始人罗振宇在节目《知识就是力量》里提到一件有意思的事：很多出租车司机，旺季的时候早上 8 点出车，下午 3 点数钱，一看赚够了，就收工回家；而在淡季，通常到晚上 8 点，公司的份子钱和今天的油钱都没挣够，所以会一直在街上开车转悠，等人上车。其实这种行为模式特别傻，正确的做法应该是旺季的时候拼命工作，淡季的时候可以多休息，养养身体，陪伴家人。

为什么司机会出现这种错误的行为？原因在于“锚定效应”：把某件事、某种观念，作为自己做所有判断和决策的标准。司机在这里就是把“钱”作为唯一的标准。

罗振宇说：“当你只盯住钱的时候，这个世界的很多维度、很多真相，你是看不到的，你很容易做出愚蠢的决策。”

诺贝尔经济学奖得主理查德·塞勒，把出租车司机的这种现象称之为“狭窄框架效应”。当框架非常窄的时候，个体会陷在框架之中，看不到事情的全貌。出租车司机就是陷在了“钱”这个唯一框架里，用钱作为唯一标尺，指导自己的行为。

我们很多人，都有像出租车司机一样的“狭窄框架”。这个框架可能是金钱，也可能是其他理念或价值观，比如以自尊心是否被触犯，作为衡量他人和事情是否友善的唯一标准。如果你执着于某个框架，不去打破它、照亮它，你就被它框住了。

这个框架不超越，累积再多的知识，人生照样烦恼。

佛法，本质上是世界观和人生观的升级，是生命维度的提升。改变人们的认知维度，突破凡夫的心理局限，正是佛法的精妙所在。

以感情为例，当你失去一段感情的时候，如果给你增加一个时间维度，时间久了，感情上受到的伤害自会慢慢愈合；再比如，你工作忙，没时间照顾孩子，但是你可以改变照顾孩子的方式，放下“以我为主”的维度，教孩子自学自立，用不着过度“代劳”。

在生活中，任何一个我们看上去无法解决的问题，都可以通过提升思维的维度来解决。

在顺境中，幸福是可以感受到知足常乐的那份快乐和美好。很多时候，我们在别人眼里是幸福的，但我们自己的内心并不快乐，因为总是挑剔、抱怨生活中不尽完美的地方，而忘了自己拥有的部分。这不是外境的问题，而是认知维度的问题。

幸福是不论外境如何，都具有一种获得幸福资粮的能力，是一种可以把逆境转变为增上缘的能力，不断来成就自己，从而获得那份超越逆境的智慧和喜悦。这需要一种转识成慧的能力，也就是我们常说的心能转境。

我们的认知维度越广，就越不可能成为短期利益的拥趸，也更不可能陷入烂人、破事中，与对方纠缠不休。

如果你竭尽心力、才华，还不能突破人生的瓶颈，你就该站到更高的维度上，刷新思维，来审视自己的一切，去探索与尝试更多的可能，去寻找更殊胜的方法与能量之门。

生命的意义，在于提升认知外境的维度，每多一维，就会多出无穷多倍的美感与智慧。

最后，赠大家一首近代高僧圆瑛大师的诗偈：

狂心歇处幻身融，内外根尘色即空。
洞彻灵明无挂碍，千差万别一时通。

不快乐，是因为太聪明

7

第七章

寻寻觅觅，只因不知要什么

识人于微，辨人于危

一把坚实的大锁挂在大门上，一根铁杆费了九牛二虎之力，还是无法将它撬开。钥匙来了，它瘦小的身子钻进锁孔，只轻轻一转，大锁就“啪”一声打开了。铁杆奇怪地问：“为什么我费了那么大力气也打不开，而你却轻而易举就打开了呢？”

钥匙说：“因为我最了解它的心。”

我们每个人的心，都如同上了锁的大门，任你再粗的铁棒也撬不开。唯有无微不至的关怀，才能把自己变成一把钥匙，进入别人的心中，了解别人。

俗话说“知人知面难知心”，与人打了一辈子交道，感叹最多的莫过于“识人难，识己更难”。智者于是想出一个办法，不拘泥于一时一事上“识人”，而是“风物长宜放眼量”，用“路遥知马力，日久见人心”进行大浪淘沙。如白居易所说：“试玉要烧三日满，辨材须待七年期。”反反复复地试探和考验，最终露出的是人性的本相。

何以识人本相？《杂阿含经》有偈云：“不以见形相，知人之善恶；不应暂相见，而与同心志。有现身口密，俗心不敛摄；犹如鍮石铜，涂以真金色。”意思是说，不能仅通过外表，就了知人的善恶；不能通过一面之缘，就判断跟别人是否志同道合；身、口虽然都持戒，但是心中充满欲望，这样的人，就像外表涂满金色的铜器，金玉其外，败絮其中。

《论语》中也有这么一句话：“众恶之，必察焉；众好之，必察焉。”就是说，一个人无论是否受到大多数人的厌恶或者喜爱，我们都应该仔细分析其中的原因再来评判他。更深一层的含义是，君子应当明辨是非，不从众。

要识人，首先得不猜疑，不猜人心，而后听其言、观其行，尤其是他在危急时刻最本能的行为。另外，你可以对自己高标准、严要求，但不能对别人要求太高。我们要善于发现他人的长处，对他人的缺点要懂得包容和谅解。

对于学佛之人，识人是为了更好地恒顺众生。遇到性情恶劣的众生时，应当理解、悲悯他们，视他们为我们修持忍辱、慈悲的绝好对象，真心给予关怀。把忘恩负义者的行为当成礼物，当成成就自己修行的绝佳途径。

识人难，识己更难。我们如果多花一些时间反省自己的身、口、意，就会不断增长智慧，处理世俗间的人际关系也会越来越顺利。

最后，送大家一段出自《庄子》的“孔子识人九法”：

> 故君子远使之而观其忠，近使之而观其敬，烦使之而观其能，卒然问焉而观其知，急与之期而观其信，委之以财而观其仁，告之以危而观其节，醉之以酒而观其侧，杂之以处而观其色。

看完不想再刷朋友圈了

从前，有一只羊，晚上独自在山坡上玩耍。突然蹿出一只狼。羊势单力薄，大声向朋友们求救。

牛望了一眼，发现是狼，快步离开；马回头一看，发现是狼，转身逃走；猪停下脚步，发现是狼，屏住呼吸；兔跑来一看，发现是狼，就近躲避。

唯独只有狗，听见羊的呼救，急忙跑来与狼扭打，最终逼得狼仓皇逃走。

羊回到家，朋友们都纷纷赶来。

牛说："你怎么不告诉我？我的角可以剜出狼的肠子。"

马说："你怎么不告诉我？我的蹄子能踢碎狼的脑袋。"

猪说："你怎么不告诉我？我用嘴一拱，就能让它摔下山去。"

兔子说："你怎么不告诉我？我跑得快，可以传信呀。"

在这个议论纷纷的朋友圈中，唯独没有狗。

多年前，早在微信朋友圈出现之前，人们可以花上一天的时间，千山万水去拜访朋友，在明月老松之下举杯畅谈。这是一种可以拥抱、搓揉的情感，它根深蒂固地扎根在我们的社交圈之中。

如今，有了朋友圈，信息畅快，我们不需要再跋山涉水，也不需要雪夜温酒诉近况，甚至不需要见面了。只要动一动手指，发一些照片，配点心情、感悟与格言，我们就觉得满足了正常的社交需求。

我想问问大家，天天在手机上聊天，还会好好谈心吗？每天低头看手机，还有时间抬头看星空吗？只在朋友圈才有朋友的人，生活中又有几个真正的朋友？

真正的朋友，不是朋友圈里互相点赞、评论的人，而是你们“三秋不见如隔一日”，平时可以没有联系，但见面了还是心心相印、无话不说的人；不是平时酒桌上推杯换盏、称兄道弟的人，而是逢年过节记得给你打个电话问候的人；不是在你得意时假意奉承、锦上添花的人，而是在你落难时不离不弃、雪中送炭的人。

如果想见你的朋友，千山万水，送一壶温酒，秉烛夜谈，也好过万水千山，遥遥无期，我只能给你点个赞。

最后，送大家一首清代文人张问陶的《禅悦》：

门庭清妙即禅关，枉费黄金去买山。
只要心光如满月，在家还比出家闲。

你吃过的亏，终会笑着讲出来

范蠡帮助越王勾践灭吴之后，深晓勾践“可与同患，难与处安”，于是写信告诉勾践：“常言道‘主辱臣死’，您当年在会稽遭受亡国之辱，我本该在那时候就殉主。之所以苟活到现在，是为了帮您雪耻。现在您大仇已报，我是不是可以死了？”

勾践明白范蠡的意思，回信说：“这不行，我要把国家分给你一半，你要收下，不收的话我就杀了你。”

通过一番书信来往，两人达成以下默契：第一，勾践现在不杀范蠡；第二，范蠡留下就是死路一条；第三，范蠡必须自愿离开，不能让人看出是勾践逼的。

于是范蠡放出风声：“不管大王怎么挽留，我反正是走定了！”然后收拾细软，带着家人与门生连夜逃跑。这样一来，皆大欢喜：勾践不但不追，反而假惺惺地把会稽周围方圆三百里的土地封给范蠡，表示自己已经仁至义尽了。

这就是吃小亏，占大便宜。半壁江山看起来是个值钱的好东西，但比起自己的身家性命来又是小头了。范蠡的同僚文种正因为没听范蠡的劝告，算不过账来，最终落得饮剑自刎。

鱼贪一口食，被人钓；猴贪一口酒，被人捉。一念之欲不能止，就会踏进地狱的大门。尽管佛法常教大家“吃亏是福”，但是大多数人仍然喜欢讨便宜，而不喜欢“吃亏”。爱占小便宜是人之天性，无论在物质上还是精神上都是如此。比如有些人对不要钱的东西顺手拿一点或多要一点，单位发放物品时多领一份，擅自将公家的东西占为已有，别人请吃饭就去蹭一顿，等等。在精神方面，如日常生活中和亲友、邻里、同事聊天、说事总要强调自己对，要争个输赢。殊不知当忍则忍、当让就让，忍让是有涵养和美德的表现。

闽南有句俗谚说：“佛祖疼憨人。”民间也有则小故事，讲甲乙两个小鬼到人间投胎，阎罗王给出两种人生供他们选择，一种是一辈子都要忙着给别人东西，另一种则是一生都从别人那里拿东西。结果，选择付出东西给别人的甲投生在一个富贵人家，终其一生乐善好施；选择从别人手中拿东西的乙，则成了乞丐。

“塞翁失马，焉知非福？”一个人只要心存正念，随顺因缘，助人为先，即使一时“吃亏”，最终因果也必定不会让你“吃亏”。因为，吃亏即非吃亏也，该是你的，即使吃亏，还是你的。“吃亏便是福”这句话，真乃先人智慧的结晶。

古时某位贤人临终，子孙请遗训，贤人曰：“无他言，尔等只要学吃亏。”人生在世，即使什么都学不会，也得学会吃亏。只要学会吃亏，你就会感到烦恼从不上身，遇事游刃有余，心底坦坦荡荡，吃饭有滋有味，睡觉踏踏实实。这种神仙般的滋味，是爱占小便宜的人根本无法体会到的。

最后，把清代书画家郑板桥的《吃亏是福》送给大家：

满者损之机，亏者盈之渐。损于己则益于彼，外得人情之平，内得我心之安。继平且安，福即是矣。

接受平凡，才是成熟的标志

作家周国平在《灵魂只能独行》中说："许多人所谓的成熟，不过是被习俗磨去了棱角，变得世故而实际了。那不是成熟，而是精神的早衰和个性的消亡。真正的成熟，应当是独特个性的形成，真实自我的发现，精神上的结果和丰收。"

如今，许多年轻人为了获得成功，急于积累人脉，学会了左右逢源、八面玲珑，还自以为是所谓的"成熟"。

因无缘，则不果；机不投，因不果。有来有回，才谓之人脉。当你无法显示出自己的价值时，认识再多的贵人也是枉然。所以，被各种成功学吹捧的人脉，其实并不值得我们耗费心思。

对待人际关系，把握好分寸，适度就好。别刻意追求，也别满不在乎。比起无谓的社交，自身的实力更为重要。

真正的成熟，不是看透后的警惕，而是理解后的宽容。

当一个人能够确切地理解无常和无我的时候，他就开始成熟，就开始不那么固执，开始把别人也看得比较重，而不只是看重自己。在生活中，会把他人放在前面，控制自己的欲望，观照他人的需求，这就是一个人成熟的标志。

周国平说："人生有三次成长：一是发现自己不再是世界的中心的时候，二是发现再怎么努力也无能为力的时候，三是接受自己的平凡并去享受平凡的时候。”

遗憾的是，太多人止步于第二次成长，没能从广阔天地里发现平凡中的一花一世界，一叶一菩提。

或许是整个社会的价值观太过单一，衡量成功的标准永远只是肉眼可见的房子、车子、票子。所以，有那么多人郁郁不得志。

事实上，不要以为幸福就是香车宝马、功名利禄，不要以为幸福就是随心所欲、无法无天。

幸福不是得到的多，而是计较的少。接受平凡，才是一个人成熟的标志。

最后，赠大家一首唐代诗僧寒山的诗偈：

众星罗列夜明深，岩点孤灯月未沉。
圆满光华不磨莹，挂在青天是我心。

什么样的工作才算体面？

从小到大，许多人按部就班，乖乖听话，好好读书，上个好大学，找个体面的工作，看起来很完美。

问题是，究竟什么样的工作才体面？

武汉商贸职业学院曾做过一次问卷调查，选 100 名毕业生参与问卷，调查“父母最不希望孩子从事的职业”。结果显示，52% 的父母不支持孩子从事服务行业，34% 的父母不支持孩子从事高危职业，只有 14% 的父母不会干涉孩子的职业选择。

其中父母最不接受的职业，酒店服务排第一，流水线服务工排第二，再次是从事保险业和其他服务业。

眼高手低，以貌取人，一直都是凡夫的通病。看到那些穿着朴素的体力劳动者、服务行业从业者，就自然而然地将他们归类于不成功的人、收入不高的人。许多为人父母者眼中的“不体面”，正是由此而来。

但社会现实是，很多坐在写字楼里的白领，并没有每天来取件的快递小哥收入高，也不如楼下那个守着一个小摊位，每天做煎饼的大妈收入高。

而更现实又普遍的现象是：越是工作不够体面的人，越知道开源节流，简单点说，就是挣得多，用得少。

普遍而言，高收入的人群往往是两个极端的人群，要么是靠软实力（智商、口才、技术），要么就是能吃苦耐劳。而那些夹在中间的，往上走没那个实力，往下走又放不下身段，稍微累点就承受不住，这群人往往是最穷、最迷茫的。

佛陀在《善生经》里说："一食知止足，二修业勿怠，三当先储积。"这是告诉我们要节俭、要勤劳、要储蓄。赚钱的法门，不外乎开源和节流。怎样开源呢？佛陀说："先当习技艺，然后获财业。财业既已具，宜当自守护。"我们在社会中生活，必须具备一项技艺，才可以自立，才可以生存。若是学会了一项技艺，而不肯"精勤修行"，只图安逸，那么事业也是不能成功的。

所以，无论是为人父母还是为人子女，别嫌某些工作不体面。最不体面的事，就是孩子毕业之后仍无法靠一技之长养活自己，要靠父母接济。

做蓝领并不可怕，真正可怕的是心已沧桑，因外在的攀比而愤世嫉俗，放弃了年轻时的梦想，丧失了奋斗的激情。

三百六十行，行行出状元。工作没有高低贵贱之分，一个快乐的清洁工，要比一个牢骚满腹的大学教授强得多。

最后，摘一段陶渊明的《杂诗》送给大家：

盛年不重来，一日难再晨。

及时当勉励，岁月不待人。

弘法寺·光明殿

┤ 弘法寺 · 外景

算命真能测出财运吗？

元朝有一名道士，自称“神机妙算”。有一天，三个士子结伴赴京赶考，便想算算命运，卜一卜应考的吉凶。只见道士掐指一算后，伸出一根指头。士子们问道：“此中何意？”道士说：“此乃天机，不可道破，届时自有分晓。”

三人走后，道士的侍者忍不住好奇，问道：“道长，刚才三位士子，究竟谁能考中呢？”道士说：“此中奥妙，不言而知。一根指头，中一个，也对；中两个，表示一个不中；中三个，就是一齐中；三个都落榜，表示一个也不中。不管任何一种结果，答案不全部在这一根指头里了吗？”

一个人命运的好坏，全看自己积下的因果。虽然前世命运不好，但今生努力了，可以改变；反之，前世命运好，今生不努力，也可以变坏，所以命运是掌握在自己手上的。

命运可以看得出来，但算不出来。一个人的命运，有时就长在脸上，表现在行为上，从一个人的言谈举止，难道还看不出命运的端倪吗？

如今很多人喜欢算命卜前程，而算过之后，就放不开手脚，不敢前进了。为何受其所困？因为你算命后产生了一种知见，着了相：说你好，你就等着发财；说你不好，你就自卑得畏首畏尾。这有什么帮助呢？凡事都得靠自己努力践行。

要改变自己的命运，首先得从改心做起。有人说，一切顺其自然就行了。但是，想改命的话，就不能一切顺其自然。说一切顺其自然的人是不懂因果的。谁都知道大鱼大肉吃起来很香，但如果你一直放任自己这样吃，是要付出代价的。

相信幸福始能幸福。所以，我们要知命、造命、受命、惜命、救命，以积极的态度把握生命，不能认命。人生的幸福和吉祥不是来自于某一位神灵的操控，而在于我们自己，在于我们的人生态度、生活方式和思维方式，这就是佛教与其他宗教不同的地方。

修行之人，应充分认识因果，知命随缘。如果真有不好的事情，那一定是我们以前所造之业果。该来的，总会来，我们造了因，就要有勇气去承受那个果。从这个角度讲，算命也是没有必要的。

所以，不要再相信“命不好”之类的话了。如果茫然，请把命运交给佛学来改善，命运的根本是因果，造善因，积福德，就能改善命运。佛家说“一饮一啄，莫非前定”，说的是因果，而非宿命，倡导的是积极向上的人生态度。

最后，送给大家《了凡四训》中的一段话：

福之将至，观其善而必先知之矣。祸之将至，观其不善而必先知之矣。今欲获福而远祸，未论行善，先须改过。

李嘉诚的生意经

晚清的名臣有两人，一个是曾国藩，一个是左宗棠。两人最大的区别，就在于一个乐于分享，一个吝于分享。

曾国藩说："凡事不可占人半点便宜，不可轻取人财。"他从不压榨属下的利益，都是主动让利给别人。打下安庆，曾国藩没有居功，把这一胜利的谋划、统筹之功让给了胡林翼，把前线血战之功让给了多隆阿。

曾国藩手下的人，要钱有钱，要位有位，所以大家都死心塌地跟着曾国藩。在曾国藩打败太平天国之后，两京十三省的督抚大员，都曾受过他的提携。

左宗棠就显得很小气，吝啬赏赐、吝啬职位，到头来手底下有能力的人没留住几个。所以，他的功绩和历史地位，始终比不上曾国藩。

路宽不如心宽，命好不如心好。常怀宽厚之心，厚道待人，不计较恩怨，这样的人运气一般都不会太差。

曾国藩曾言："心存济物是富相。"与其挖空心思算计别人，不如宽容大度，让利给人。己欲立而立人，己欲达而达人。收起自己的小算盘，抛下利害得失，真正懂得帮助别人，才能得到别人的帮助，人生之路才能越走越宽阔。

李嘉诚的母亲庄碧琴是一位虔诚的佛教徒。在她的教导下，李嘉诚从小"崇佛尚儒，善心无量”。谈及生意合作，李嘉诚说：“我觉得，顾及对方的利益是最重要的，不能把目光仅仅局限在自己的利上，两者是相辅相成的。自己舍得让利，让对方得利，最终还是会给自己带来较大的利益。占小便宜者不会有朋友，这是我小的时候我母亲就告诉给我的道理。经商也是这样。”

像李嘉诚这样的人，谁不希望与之合作？谁不希望在这样一个懂得分享的人手下做事？这或许就是李嘉诚的成功之道。

反之，无论是生活中还是生意场上，最愚蠢的行为就是太执着于自己的东西，把名利捏紧不放。人一定要学会用你拥有的去换取对你而言更加重要的东西。

懂得分享是一种大智慧。喜欢主动买单的人，不是因为钱多，而是把友情看得比金钱重；合作时愿意让利的人，不是因为笨，而是知道共赢；工作时主动多干的人，不是因为傻，而是懂得责任。分享能提升人生的情趣与境界，赢得人们的帮助和尊敬。功不独居，过不推诿，独乐乐不如众乐乐。分享的幸福是双倍的幸福，分担的痛苦是一半的痛苦。

最后，赠大家一首唐代诗人杜牧的《云》：

东西那有碍，出处岂虚心。
晓入洞庭阔，暮归巫峡深。
渡江随鸟影，拥树隔猿吟。
莫隐高唐去，枯苗待作霖。

何苦透支明天的烦恼

有一个老和尚，挑着一担装满绿豆汤的瓷壶赶路。不小心摔了一跤，瓷壶掉到地上，摔得粉碎。这个老和尚爬起来，却若无其事地继续往前走。

这时，有一个人急忙赶过来说："老和尚，你不知道你的壶已经摔碎了吗？绿豆汤洒了一地。"

"我知道。"老和尚不慌不忙地回答。

"那你怎么不转身看看呢？"

老和尚说："壶已经碎了，汤也流光了，我转身又能怎么样？"

现实中，我们很多人绝无老和尚这般洒脱：壶碎了，汤也没了，估计还要赔上很多眼泪。事情办砸已经很不幸了，如果因此而耿耿于怀，不得释然，砸了事情还坏了心情，就更不值了。

过去的事情就过去了，切勿紧抓不放。我们可以吸取昨天失败的教训，可以让昨天的挫折变成今天的经验，但是千万不要把昨天的悔恨留到今天、带到明天，这样我们才能轻松上路，活得潇洒自如。

如今很多年轻人沉迷网络游戏，有一个重要原因，就是他们只有在游戏中才能暂时释放压力，找到成功的感觉。在虚幻世界中让自己变成英雄，这是个人对现实的一种逃避。之所以逃避，是因为幻想中的生活跟现实差距太大。但这种饮鸩止渴的方法，一旦回到现实，会增添更大的痛苦、更多的烦恼。

现代人之所以心不安，是因为对未来害怕的事情太多：怕没有钱，怕没有工作，怕没有房子，怕讨不到老婆，怕嫁不出去……因为担心、害怕的事情太多，所以多数人活在焦虑之中。我们既然无法预测明天会发生什么事情，那为什么不好好把握现在，珍惜今天，而要去透支明天的烦恼呢？

有一个年轻人准备出远门，他动身前拜访了族长，请求指点。老族长给他写了三个字，“不要怕”，又说：“孩子，人生的秘诀有六个字，今天先告诉你三个字，供你半生受用。”30年过去了，当年的游子历经人生坎坷，有了成就，他回到家乡，又去拜访那位族长，不料老人家几年前去世了。族长的家人取出一个信封说：“这是他生前留给你的。”游子拆开信封，又看到三个字，“不要悔”。

过去心不可得，未来心不可得。昨天的失意，明天的美好，都不如今天来得实在。生命就如同一次旅行，你如果把每一个阶段的成败得失全都扛在肩上，就没法更好地前行，所以我们必须学会放下，必然要舍弃一些东西，这样才能活出当下的自在。

最后，摘一段明代罗洪先的《醒世歌》送给大家：

世事纷纷如闪电，轮回滚滚似云飞。

今日不知明日事，哪有功夫论是非。

不宽恕，是苦了你自己

清代书画家郑板桥早年家里很穷。有一年除夕，他去屠户处赊了一个猪头回家，正准备下锅，又被屠户要了回去，转手卖了高价。这件事让郑板桥一直记恨在心。后来，郑板桥到山东范县做官，就特别规定范县的屠户不准卖猪头，以示对屠户的惩罚。夫人闻之，感到不妥。

一天，夫人捉到一只爱偷嘴的老鼠，就用绳子绑住老鼠的后腿吊挂在房子里。夜里，老鼠又叫又挣扎，弄得郑板桥一夜没睡好觉，便埋怨夫人。

夫人说："我小时候好不容易做了件新衣裳，却被老鼠啃坏了。"郑板桥听后笑道："你老家兴化的老鼠啃坏了你的衣裳，又不是范县的，你恨它是何道理？"

夫人反驳道："你不是也痛恨范县的屠户吗？"郑板桥恍然大悟，随即赋诗一首："贤内忠言实难求，板桥做事理不周。屠夫势利虽可恶，为官不应记私仇。"

有恩就有仇。有些人记仇，甚至会恩将仇报。但有些人则比较大度、洒脱，不把仇恨放在眼里，任其灰飞烟灭。

有求皆苦，世事不如意十有八九。因为某方面得不到满足，人们就会产生挫败感，挫败感产生后，负面情绪通常会经三种途径宣泄：一是把原因归于自身，产生自卑；二是将原因归咎于外界，记恨他人；三是认命，认为凡事注定，逆来顺受。

当然，最好的解决办法是用积极的心态正视问题、对治问题。

上述几种宣泄途径中，最伤佛性、折损功德的，就是记仇。“五毒”中后果最严重的就是嗔恨心。有的人爱记仇，然而记仇燃烧的并不是别人，而是心怀嗔恨、备受痛苦煎熬的自己。仇恨这种负面情绪会占据人的整个大脑，令思维变得狭窄。记仇的人，内心除了痛恨，很难再容纳其他美好的东西。

修行的第一要务是存好心，心中纯善无恶，恶念、恶事、恶人都不放在心上。

专看别人的善处和好处，我们这一生就生活在纯善无恶的环境当中；每天想别人的坏处，记别人的冤仇，这一生便生活在极恶劣的环境里面，活得痛苦、憋屈。

对治嗔恨，我教大家四种修为：一是忍得过，忍得一时之气，消得百日之灾，能忍不代表懦弱；二是看得破，最大的淡定，不是看破红尘，而是看透人生苦难以后依然热爱生活；三是拿得起，做人有担当，不推诿、不逃避；四是放得下，放下偏执，放下记忆，放下不甘，放下欲望，平平淡淡，简简单单。

最后，赠大家一段王安石《拟寒山拾得二十首》中的诗句：

莫嫌张三恶，莫爱李四好。
既往侂即晚，未来思又早。
见之亦何有，欻然如电扫。
恶既是磨灭，好亦难长保。
若令好与恶，可积如财宝。
自始而至今，有几许烦恼？

如果有人揭你的短

狄仁杰是武则天当政时的著名宰相。他在当豫州刺史时，办事公平，执法严明，受到当地人民的称赞。于是，武则天把他调回京城，任命为宰相。有一天，武则天对狄仁杰说："听说你在豫州的时候，名声很好，政绩突出，但也有人揭你的短，你想知道是谁吗？"

狄仁杰说道："人家说我的不好，如果确实是我的过错，我愿意改正；如果陛下已经弄清楚不是我的过错，这是我的幸运。至于是谁在背后说我的不是，我不愿知道，这样大家可以相处得更好些。"

武则天听后，觉得狄仁杰气量大、胸襟宽，很有政治家风度，于是更加赏识他、敬重他，尊称他为"国老"。

人生短暂，须轻装前行，原谅别人，就是善待自己。狄仁杰的"不愿知道"，既体现了一个政治家的凛然正气和豁达大度，又表明了他立身处世的基本原则。

语言的善恶关键在于心，心里怎么想的，口中才会怎么说。憨山大师在《醒世歌》中写道："休将自己心田昧，莫把他人过失扬。"在生活中，我们总觉得别人刚愎自用，却难以觉察自身的痼疾。原因很简单，人在指摘他人的时候可以居高临下，否定自己的时候却总是装聋作哑。在他人那里锱铢必较，在自己这里信马由缰，几乎是所有凡夫的通病。

万事岂能尽如人意，但求无愧我心。人生于世，无须过分在意别人的评价，我们应学会豁达，不断释放心灵的重负，忘却那些应该被淡忘的人与事。有些事不必介怀，有些人言不必理会，云淡风轻，顺其自然，何惧岁月风霜。

很多人一提到别人的过失，便兴致勃勃，甚至添油加醋、颠倒黑白，然后一传十、十传百，最终给他人造成很大的伤害。过多评论他人，说人是非，不但有损自己的德行，还会祸延及身。我们常说“矮人面前不说短”“东施面前不言丑”。不揭人短，不仅是为人处世的技巧问题，也是一个人慈悲心和同情心的问题。

我们每天的言行举止，和吃饭、走路一样，都是修行。佛陀所说之言语，令人安乐、断除烦恼、证悟涅槃，乃至上之正语。生活中，我们应尽量多说些“禅话”。说禅话，就是要说欢喜的话、真实的话、谦虚的话、利人的话。我们说出来的禅话、净语可以将自己以及众生的心慢慢转成菩萨心、佛心，利人利己，这是一件功德无量的事。

最后，送大家一首佛门偈语：

面上无嗔是供养，口里无嗔出妙香，

心上无嗔无价宝，不断不灭是真常。

不快乐，是因为太聪明

第八章

愿你活出生命本来的样子

心若磁石，善恶一念间

禅宗六祖慧能大师得到衣钵真传之后，在猎人群中隐居了十几年，后因机缘成熟，才开始行化于世间。

有一天，慧能大师途经广州法性寺，看到两位出家人对着一面经幡争论不休。一个说："如果没有风，幡怎么会动呢？所以说是风在动。"另一个说："如果没有幡动，又怎么知道风在动呢？所以说是幡在动。"两人各执一词，互不相让。慧能大师听了，对他们说："二位别吵了，其实不是风在动，也不是幡在动，而是二位的心在动啊！"

佛教认为，万物唯心造，我们拥有什么样的心灵，便拥有什么样的世界。万事万物之所以有分别，都是因为我们的起心动念。我常说，所谓"心想事成"，心不想，事就不成。许多人都有这样的经验：当你为自己制定了一个目标，时时刻刻在心中想着它，总有一天，机缘成熟，这个目标就一定能实现。所以说，心态决定命运，思想的高度决定事业的成就。一切取决于我们的心态，不同的心境和心念会带来不同的行为，不同的行为会带来不同的结果。

日本作家芥川龙之介曾写过一篇短篇小说，名叫《蜘蛛丝》，在这里，我把这个故事简要给大家讲一下。

有一天，佛祖从地狱之井往下望去，只见无数生前作恶多端的人正饱受地狱之火的煎熬。此时，一个强盗看到了慈悲的佛祖，他马上祈求佛祖救救自己。佛祖知道这个人生前是个无恶不作的大盗，抢劫他人财物，任意屠杀生灵。但是，他也不是一件善事都没做过。有一次，他走路的时候，眼看就要踩到一只小蜘蛛，突然心发善念，移开了脚步，放过了那只小蜘蛛，这成了他一生中罕见的善业。

想到这里，佛祖认为他还有一丝善心，决定用那只小蜘蛛的力量来救他脱离苦海。佛祖从井口垂下一根蜘蛛丝，强盗像发现了救命稻草一样拼命抓住了那根蜘蛛丝，然后用尽全力向上爬。可是，其他在井中受煎熬的人看到这样的机会，都一拥而上，抓住那根蜘蛛丝，无论强盗怎么破口大骂，他们就是不肯松开双手。

蜘蛛丝上的人越来越多了，强盗担心蜘蛛丝太细，不能承受这么多人的重量，于是抽出刀来将自己身下的蜘蛛丝砍断。可是，这一刀却砍掉了他脱离苦海的唯一希望，蜘蛛丝突然消失了，所有人又重新跌入万劫不复的地狱。其实，既然蜘蛛丝是佛祖抛下来的，又怎么会断呢？

一次很小的善，可以拯救众多的生命；但一次很小的恶，却可以毁了一个人最大的希望。所以，善源于本心，是长期积累下来的习性；而恶，只是内心中的一念，贪婪、欲望酿造了它，最终会毁掉所有的希望。

心，就像一块吸铁石，它能够把各种不同的外缘吸引到你的周围。善念会吸引善的护持者，恶念会吸引恶的追随者。如果我们的心是纯净的，充满慈悲、包容，它带给我们的一定是安详、和谐、快乐的生活。

存心为善，此处即是灵山

老和尚有两名弟子。大弟子化缘，得了一担鲜桃。路过李家庄时，大弟子内急，就把桃子放在树下去方便了。回来时，见一大群人围在树下吃桃子。大弟子大喊：“那是我的桃子！”回到寺里，大弟子向老和尚抱怨：“李家庄的人太可恶，居然偷吃桃子。”老和尚慈祥地笑了：“不怪他们，愿佛祖保佑他们。”

翌日，二弟子下山化缘，不小心摔伤了腿，倒在李家庄村口。村民发现，就把二弟子抬回家中，还请来医生治疗。伤好后，二弟子回到寺里，把经过告诉了老和尚。

老和尚笑着问大弟子：“你还说李家庄的人可恶吗？”大弟子说：“上次挺可恶的，这次怎么友善了呢？”老和尚说：“大善大恶之人，毕竟是少数。大多数人都和李家庄的村民一样，既有小善，也有小恶。你给他一个善的契机，他就为善；你给他一个恶的契机，他就为恶。所以说，恶要原谅，善要引导。你把一担桃子丢在树下不管，还怪别人偷吃吗？”

他人作恶，我们仍然行善，并劝其向善，这才是真正的信仰。“诸恶莫作，众善奉行，自净其意，是诸佛教。”这是佛门真谛，道理很简单，但它却是个“三岁小孩都明白，八十老翁难做到”的事。

佛教积极向上，主张“一切众生皆有佛性”。就是说，一切众生皆可成佛，是平等的，但成就的迟、早、快、慢，则要看时节因缘而定了。所以，学佛之人要以心性本净、人性本善为前提来认识人性，心量要大，要能容忍形形色色的众生，在成就他人的同时成就自己。

性善论是中国传统文化的主流思想。孟子说："人性之善也，犹水之就下也。人无有不善，水无有不下。"就是说，人心向善，就像水向低处流一样，是很自然的事情，是永恒不变的规律，关键在于要有人不失时机去引导。

《大乘义章》将善恶分为三大类：一、以顺益为善，以违损为恶；二、以顺理为善，以违理为恶；三、以体顺为善，以体违为恶。利人即是自利，害人实是自害，我们应该"随缘消旧业，更莫造新殃"。因此，见了坏人，我们不要厌恨他、蔑视他，而是要劝告他、教育他，令其改恶向善、改过自新。若心中总是存着"这个人很坏"的见解，给他定了性，又怎能改造他呢？

我们弘法寺定期举办的禅七法会，便是七众弟子自省其身、改恶向善的修行良机。如果我们每个人都能受持五戒、奉行十善、修习六度，生活中时刻保持觉醒和善念，种下善因，必将结出善果。

最后，送大家几句佛门劝善的诗文：

行善修身，岂为传名后世；
念经顶礼，唯思延福他人。
有意焚香，何须远寻佛地；
存心为善，此处即是灵山。

如果不错上一错，何谈圆满？

一位老画家的腿有点残疾，有一天作画时，由于右腿站立不稳，一个趔趄，手中的笔抖落出一滴墨汁，正好溅落在画纸上。

学生赶忙上前扶住老画家，问是否要把这张弄脏了的画纸换掉。

老画家摆摆手说："不必。"

由于那点溅落的墨汁正好位于画纸中央，老画家对它颇费思量，手中的画笔在砚盘里蘸了一下又一下……

突然，老画家迅速提笔、运笔，画纸上就出现了一只展翅高飞的雄鹰。原先的那点墨汁，竟成了雄鹰双爪下紧攥的一颗石子。

孔子曰："君子之过也，如日月之食焉。过也，人皆见之；更也，人皆仰之。"意思是说，君子的过错，就像日食和月食一样。有了过错，人人都看得到；改正的时候，人人都仰望着。人生，如果不错上一错，又何谈圆满？从混沌无序中找到秩序，正合天道。

"有心栽花花不开，无心插柳柳成荫。"在中国古典文学名著中，以错为契引的例子比比皆是，诸如多炼了一块石头，失手打碎一件琉璃盏，不小心揭开坛子上有法力的封印……

没有错误，就没有故事；没有故事，就没有精彩的人生。

人生路上总有坎坷，这或许就是命运给我们设计的“美丽错误”，我们因为错误而成长，从容绽放出更瑰丽的花朵。生活中的智慧大多是从失败的教训中获得，而非源自成功的经历。失败教我们学会谦卑，学会向他人寻求帮助和指导；同时，也教会我们允许他人犯错，学会包容，毕竟每个人都是这样“错”过来的。

《论语》里有个词叫“既往不咎”，每个人都有犯错的时候，人非圣人，孰能无过？无论是家人、同事还是朋友，都会有不理解自己的时候，都有可能做出一些对不住自己的事。但是，他们不一定是有意的。我们反过来想，自己是否也经常在无意中伤害到别人呢？所以，面对别人的过错，最好的做法就是既往不咎，过去的事就让它过去，明天的生活还要照样过下去。宽恕别人就是宽恕自己，给别人一条生路，也是让自己多一条路。

栽跟头不可怕，可怕的是从此站不起来。在混沌无明时，过错是绊倒我们的石子，但当我们走过这段崎岖，会发现这些绊脚石最后都成了垫脚石。犯错是人生的必修课，人生的画纸若有了污点，只要我们勇敢面对、纠正，照样可以画出最美的画卷，让岔路成为另一条大道的起点。

最后，送大家一首宋代诗人戴复古的《寄兴》：

黄金无足色，白璧有微瑕。

求人不求备，妾愿老君家。

追求与吸引的差别

有一个人为了得到美丽的蝴蝶，便买来一双跑鞋、一只网子，穿上运动服，追逐奔跑了很久，终于在气喘吁吁、满头大汗后抓到几只蝴蝶。可是蝴蝶在网子里恐惧挣扎，丝毫没有美丽可言。一有机会，蝴蝶就飞跑了。这就叫“追求”。

另一个人也很喜欢蝴蝶，他买来几盆鲜花放在窗台上，然后静静地坐在沙发上品着香茗，不一会儿就飞来几只蝴蝶，围着花翩翩飞舞，他的心情也犹如吸了蜜的蝴蝶一样。这就叫“吸引”。

追求，是从自我的角度考虑，忽视了事物内在的微妙规律，所以常常事与愿违。吸引，则是从完善自我、奉献自我的角度出发，顺应了天理，投其所好，因而皆大欢喜。

很多人都有这样的经历：当你绞尽脑汁地去做某件事，结果却一无所获；可当你决定不再争了，想放弃时，忽然又峰回路转，意外成就了。我们常常想尽一切办法追求原本不属于自己的东西，这就是引发各种烦恼和不顺的根源。

印度诗人泰戈尔说：“鸟翼系上黄金，鸟就飞不起来了。”一个人光溜溜来到这个世界，最后光溜溜地离开，既然如此，何必为满足欲望而不择手段呢？明朝思想家洪应明说得好：“栖守道德者，寂寞一时；依阿权势者，凄凉万古。达人观物外之物，思身后之身，宁受一时之寂寞，毋取万古之凄凉。”佛门将人生痛苦与修行退止的根源归于私欲，无论是企求快乐、幸福，还是企求富足、长寿，都会导致痛苦，有欲就有求，有求必受苦，因为欲望的沟壑永远无法填平。所以，达摩禅法的“二入四行”，其中就有“无所求行”：有求皆苦，无求乃乐，只有打破执着，一切随缘，才能让自己从苦海中解脱出来。我们修行之人，倘能常思苦恼之源，善于约束感官，节制生活，自能充满信心和干劲，不被心魔所困，无欲则刚。

越是执着地追求，它偏偏离你越远；越是洒脱地放手，它却会离你越来越近。正如一句谚语所说：“有心栽花花不开，无心插柳柳成荫。”

不执着并不意味着不认真，它是为了让我们做到：放松，随缘，自在，放下。放松并不是松懈，随缘并不是随意，自在并不是散漫，放下并不是放弃。

你什么时候随缘了，什么时候就顺利。当你无所求时，才会无所不有。

能做到不追念过去，不贪求未来，不执着现在，心自然而然会安静下来。

只要你还有所求，你就有漏；无求的时候，自然就圆满了。

就像风中沙，风一停，沙就自然落到地面了。

最后，送大家一首宋代诗人王安石的《梦》：

知世如梦无所求，无所求心普空寂。

还似梦中随梦境，成就河沙梦功德。

自卑与自负是一对孪生子

有一天，白云守端禅师与师父杨岐方会禅师对坐，杨岐方会问道："听说你从前的师父茶陵郁和尚大悟时说了一首偈，你还记得吗？"

"记得记得，那首偈是'我有明珠一颗，久被尘劳关琐；一朝尘尽光生，照破山河万朵'。"白云守端说完，不免有些得意。

杨岐方会听罢，大笑数声，一言不发地走了。

白云守端怔坐当场，不知道师父听了这首偈为何发笑，心中十分纳闷儿，随后一整天都在思索师父到底笑什么。

当晚，他辗转难眠，第二天实在忍不住，大清早就去请教师父："师父听到偈为何发笑呢？"

杨岐方会禅师笑得更开心了，对着因失眠而眼眶发黑的弟子说："原来你还比不上一个小丑，小丑不怕人笑，你却怕人笑！"白云守端听后，顿有所悟。

人只有顺其自然做自己、成为自己，才能得到真正的自在和别人的尊重。当你不再想逃避他人的否定，不再奢望得到他人的好评时，你才能活得轻松，反而更容易得到别人的肯定。

人之所以觉得活着累，是因为总让别人牵着鼻子走。许多人因恐惧失败而畏首畏尾，最终成为无可救药的失败者。这些人，与其说是惧怕失败本身，不如说是害怕因失败而面对世人的看不起。这些人因过于在意世人的批评，特别是亲朋好友、传播媒体等的影响，始终无法过自己想要的生活，一辈子都在扮演“别人希望的角色”。

事实上，真正令人痛苦的原因并不仅仅在于世俗的偏见，也不完全在于家人和舆论的批评，而是自怯、自卑、自负的心理在作怪。对于“人言”，自信者不在乎，自怯者则诚惶诚恐，久而久之形成委屈、沮丧的心境。

自卑与自负是一对孪生子，二者都以自我为中心，都对自性缺乏客观的认知。没有旁人的理解便痛不欲生的人是个可怜虫，把自身价值完全寄托于他人评价之上的人往往并无价值。做人要有主见，无论面对恭敬、赞叹，还是轻蔑、诽谤，价值观和决定权永远在我们自己手中。

最后，送大家一首唐代诗人孟浩然的《陪姚使君题惠上人房》：

带雪梅初暖，含烟柳尚青。
来窥童子偈，得听法王经。
会理知无我，观空厌有形。
迷心应觉悟，客思未遑宁。

弘法寺 · 万佛殿

弘法寺 · 光明殿

人生留白天地宽

国画大师齐白石曾说过：一张白纸上，一点儿都不着墨，只是白纸而已；如果画了一只虾，那么留白之处就是潺潺河水；如果画上一只飞鸟，留白之处就是浩渺天空。

茅盾先生曾以“蛙声十里出山泉”为题请齐白石作画，他只在画纸上点了几只小蝌蚪，在两石激流中奔游，留出大块供遐想的空白，令人仿佛听到十里之外的蛙声一片。这就是关于“留白”的经典故事。

中国水墨画讲究留白，留白处可以是天空、云朵、大海、皑皑的积雪，给人以无限遐思，意蕴深长。留白是一种智慧，也是一种境界，更是我们应该追求的人生态度。

善画者留白，善乐者希声，善言者忘语，善书者忘笔，大贤者若痴，大智者若愚。留白既是一种美学，也是一种人际交往艺术，更暗含着禅宗放下、自在的大智慧。一个“放”字，千般哲理，运用得好，能让复杂的生活回归简单，让纷乱的思绪回归明晰，让浮躁的心境回归淡然。

林语堂曾动情地写道：“看到秋天的云彩，原来生命别太拥挤，得空点。”只是，想留出别有韵味的空间，需要长期的历练，需要淡定的胸怀。只有如此，才能做到

“宠辱不惊，闲看庭前花开花落；去留无意，漫随天边云卷云舒”。

生活中，我们每天都会用文字或照片记录下生命的历程，然而，很少人会有意识地给生命留下些许空白，让素色恒久，让躁动的生命保存一丝清宁的空间。人们总抱怨，生活中有太多太多的事要做，占满了生活的每一寸角落，让人无暇分身考虑过多的事。

生命的空间有限，有一些人要进来，就有一些人必须得出去。一个罐子装满了水，如果继续灌注，必然会溢出来。物极必反，我们也要给自己留下一块净土，为生命留白。

我们应学会不时在岁月中沉静下来，坐在树荫之下，而不是一直赶路。这是人生短暂的休憩，却不是隐逸。在匆忙的生活中，若未领略过内心纤尘不染的意境，的确是种遗憾。短暂的休憩之后，带着一种宽容、超然、含蓄的态度，在生命之路上继续走下去……

最后，送大家一首唐代诗僧寒山大师的《杳杳寒山道》：

杳杳寒山道，落落冷涧滨。
啾啾常有鸟，寂寂更无人。
淅淅风吹面，纷纷雪积身。
朝朝不见日，岁岁不知春。

承受生命给你的每一次磨难

张海迪，身残志坚的一代楷模，自学成才的著名作家。她用顽强的意志粉碎了医生对她生命长度的预言，用积极的态度努力过好每一天，不断拓展生命的宽度。

她曾说过这样的话：

> 我学会了有病装没病，有残疾装没有残疾。我像健康人一样穿着，虽然搬动双腿很费力，可我努力就能做到。我像健康女性一样打扮自己，整齐干净。指甲从来都是及时修剪的。即使病在床上，也要挣扎着让自己整洁清爽……
>
> 今天，我还是不断鼓励自己好好活着，还是装得像没有病、没有残疾一样，我让自己忘掉不幸和痛苦，虽然很痛苦，但我知道，活着就是一种忍耐，必须有耐心地活着，耐心地做好每一件事。我一直努力做一个真正坚强乐观的人，做一个让别人喜欢的人。因为我只有这一次活着的机会，因为我死后再也不能复生了，所以，有一次活着的机会就要好好地活着。

生命的旅途中，总有许多不幸，承受住了，人生就是成功的，就是幸福的。

我常说，人心的潜能是难以估量的。张海迪在与病魔抗争的同时，创造出了一般身体健康的人都难以获得的辉煌成就。她的生命历程告诉人们：人最该悲哀的不应是残缺的身躯，而是愚昧无明的心灵。

人，总是急于成长，然后又哀叹失去了童年。长大后以健康换取金钱，不久后又想用金钱恢复健康。人们总对未来焦虑不已，却又无视眼前拥有的幸福。活着时仿佛从来不会死亡；临死前，又仿佛从未活过。不论人生多不幸，智者总会从中获得利益；不论人生多幸福，愚者总觉得无限悲哀。

我们生活在这世上，要学会享受痛苦。张海迪在病痛中感言："活着就是一种忍耐，必须有耐心地活着。"这其实就是对痛苦生发了出离心。她放下了病痛，以乐观的态度迎接生命的挑战。生命无论如何不能放弃，而应感知生命的过程，承受生命给你的每一次磨难，因为品尝痛苦也是一种收获。

佛教之所以一再强调"一切皆苦"，是因为唯有正视这个事实，才能从中超越。痛苦能锤炼和提高人的精神境界，不幸是人生最好的历练。没有过不去的，只有放不下的，接受生命中出现的一切，你永远不是最不幸的。

人身难得。每一个人来到世间，都要面对自己前世的种种业力考验。如果不能坚定意志修行，沉沦于五欲的享受之中，浪费福报，就会如同动物一般虚度一生。

生命无常。我们不能把握的事情太多，我们不能决定生命的长度，但我们可以拓展生命的宽度；我们不能预知明天，但我们可以把握今天；我们不能时时成功，但可以事事尽力。

如何拂去心灵的尘埃

作家冯骥才曾说：“纯洁的人生从忏悔开始，丑恶的人生自负疚结束。”

每个人如果回顾自己过往的经历，会看到某事错了，某事不该做。但当时或出于私心，或出于无知、虚荣、骄矜等等，于是做了不该做的事，或该做的事没去做，犯了种种错误。而木已成舟，事后负疚抱愧，已追悔莫及。

衣服脏了，穿在身上不舒服，洗干净再穿，神清气爽；身体有了污垢须沐浴，沐浴后身心舒畅；家中尘埃遍布，也要及时清扫，住在里面才心旷神怡。同样，当我们对自己的过失心生悔意时，也应用忏悔的法水彻底洗涤，才能心无污念，达成一种“不念过往，不惧将来”的心境。要想不乱于心，不困于情，首先得真忏悔，就是承认自己错误的行为，并且发愿改善。

平常我们做了错事，常跟人说“对不起，我错了”，但要真心忏悔，并不是那么容易，尤其是中国人有面子问题和家丑不可外扬的传统观念，通常会尽量隐藏过错。有些人虽然嘴里说着“我惭愧，我忏悔”，但内心并没有真正生起惭愧心或忏悔心，这是一种慢心，而非忏悔心。

忏悔是改变命运最好的方法。佛说，忏悔得清净，忏悔后又是一个新的开始。

问问自己，有没有贪心、嗔心、痴心？有贪心、嗔心、痴心，就会造罪。人在利害冲突中，不是贪、嗔就是痴，这就是造罪的原因。此外，我们在日常生活中所发生的种种不如意之事，不和谐的人际关系，或是不能安住于参禅念佛，这些都证明了我们在过往的确有许多不清净的造作。

忏悔，不仅是流露自己内心的歉疚和羞愧，更是展示生命的纯洁与无染。把尘埃与虚饰一同拂去，让真我显示无与伦比的光芒，这是一种曲折而又伟大的过程。从悲剧与噩梦中走出的人们，在经历过这种跪倒在自己面前的反思之后，将恢复本来面目，还原一个“本真”的自己。人贵有自知之明，肯承认自己的过失，方能去恶向善，这是最高明的自知；同时，又能够信仰自己的清净佛性，有成圣成贤的信心与勇气，这是最高尚的愿望。

忏悔对我们发心学佛的人而言，是非常重要的修持。末法时代，众生的共同特点就是烦恼无明，且不信因果，不怕造作恶业。我们虽然相信了佛法，但内心由于烦恼无明的障蔽，随时都会有过失，所以很难超越生死、成就佛道，唯有仰凭忏悔的力量才能灭除诸障。

最后，送大家一首六祖慧能大师的诗偈：

心迷法华转，心悟转法华。
诵经久不明，与义作雠家。
无念念即正，有念念成邪。
有无俱不计，长御白牛车。

聪明人从不活在别人眼里

李嘉诚说过："当你放下面子赚钱的时候，说明你已经懂事了。当你用钱赚回面子的时候，说明你已经成功了。当你用面子可以赚钱的时候，说明你已经是人物了。当你还停留在那里喝酒、吹牛，啥也不懂还装懂，只在乎所谓的面子的时候，说明你这辈子也就这样了。"

几千年来，中国人都对自己的面子问题投入了极大的热情。打个比方，你姓秦，你不会说自己是"秦桧"的"秦"，一定会说是"秦始皇"的"秦"；姓李的，绝不会说是"李莲英"的"李"，一定会说是"李世民"的"李"；姓高的，还可开玩笑说是"高尔基"的"高"。

很多人为了面子穿着名牌，为了面子买下豪宅，为了面子乘坐进口汽车，为了面子全家出国旅游，为了面子在婚丧嫁娶时铺张浪费……

我们之所以活得累，往往是因为放不下面子做人。虚荣心无限膨胀，蒙蔽了真实的自我，分不清什么是需要和欲望，把别人的眼光当作行为的标准，把别人的恭维当作人生的奖赏。

照他人期望的模式生活，牺牲真正的自我，是天底下最愚蠢的事。在乎别人的看法，骨子里其实是在乎自己的形象，总想保全脸面、凸显虚荣。自己感觉付出去的越多，操心就越多，挂碍就越多，假使得不到自认为该得到的回馈，内心便产生了得失观。

拼命为面子而活，是造成现代人难以快乐的重要原因。要解决这个问题，一是内心强大起来，正视现实，直面人情关系往来的真相；二是坦然面对和接受自己的不完美与不足。人无完人，要允许自己做不好，允许自己能力有限，并且原谅自己的过失。

面子和里子相辅相成。一个人的里子足够丰厚，大家自然会给面子。里子是指一个人的品德和修养、学识和才华。面子一般是别人给的，主动要面子的人，多半是没有里子。

只有敢于放下面子，才能真正有面子。

最后，赠大家一首虚云大师的《隔江山寺闻钟》：

乾坤容我老，日月却相摧。
还岫山无树，临江水有隈。
云轻笼日往，风顺听钟来。
惊醒尘劳梦，辽天廓尔开。

这些话送给性格内向的人

不了解周星驰的人，只看见他在戏中嬉笑怒骂、搞怪耍宝，给观众带去欢笑。谁也想不到，生活中的周星驰一点都不搞笑，是个性格内向的人。周星驰从小就不爱说话。他的妈妈凌宝儿说，她上街前会问儿子要不要跟她一起去，周星驰多半摇头，然后站在窗边看两个小时街景。拍《大话西游》时，导演刘镇伟也说过，周星驰想找他聊戏，由于害羞不敢直接找他，所以偷偷地在他的酒店房间门下塞纸条。这样内向的性格，谁能想象他会成为“喜剧之王”？

周星驰就是这么神奇！因为性格内向，他不容易受外界干扰。哪怕被外界诋毁、攻击，他从来都不回应。他一心只想当好一个演员，当好一个导演。可以说，正是内向的性格成就了如今的周星驰。内向的人心里的话不见得比别人少，只是他们不爱多说话，喜欢思考。

在当今社交至上的大环境下，人们似乎都偏爱外向的人，做一个内向者常倍感压力，甚至觉得丢脸。事实上，内向与外向只是世俗对人性格的一种狭义分类，众生众相，不应该区别对待。内向的人适合自修，外向者适合传法，都挺好。

依世俗的观点来看，内向不利于与人相处，不利于个人能力的发挥。但从佛教的角度而言，这个差别意义不大。佛弟子求智慧，应向内求，每个人的内在本自具足宇宙一切知识。越睿智的人，越懂得向内寻求智慧之光。

浮躁的时代，内向是种稀有的品性，不过常常被误以为是害羞、不爱表达，被贴上社交恐惧、自卑、不快乐、没有幽默感等标签。而内向的人，其实只是遇事更加谨慎而已：自己都没理清的事，干吗说出来扰乱别人？

一个人的性情是天生的，但性格是可以培养的。内向的人可能不喜欢讲话，但一样可以很健谈；可能不喜欢社交，但一样可以在必要的时候一展风采。

内向的人，大多喜欢读书、写作，做事时注意力高度集中，有着敏锐的洞察力和惊人的执行力。他们习惯忍受孤独、深度思考，因为他们很自信，不需要别人的赞扬和关注就能展现自己的特色。但话说回来，我并不建议修行者都去变成一个内向的人。内向和外向只是获取能量的方式不同：内向的人喜欢独自从安静的环境中获取能量，重深度；而外向的人乐于在人群交际中得到能量，偏广度。二者并没有好坏之分，差就差在两者都有些心理偏执。

学习佛法，可以改变自己性格中的偏执，如胆怯、自卑、暴躁、浮夸……修行可以减轻这些习气和业障。但光学不够，还要实修，比如布施、念经、放生、做义工等等。佛法会把你的心结打开，最终的答案仍然是“做你自己”。

最后，赠大家一首唐代诗僧皎然的《水月》：

夜夜池上观，禅身坐月边。
虚无色可取，皎洁意难传。
若向空心了，长如影正圆。

滴水留恩，悲悯万物

一个小和尚出家后，师从仪山和尚，在寺院负责给和尚们烧水洗澡。师父有一天觉得洗澡水有点烫，就让他提一桶冷水来冲凉。他把水温调好后，随手就把剩余的热水和冷水泼到了院子里。

师父语重心长地说："你太不小心了，那么热的水会烫死地下的小草、蝼蚁，剩下的凉水可做浇灌草树之用。你若没有这样的慈悲心，就不必出家了。"

师父继续说："佛曰：一滴水中有八万四千虫。即使是水中那些肉眼看不见的生物，我们都应尊重，因为一滴水中含有三千慈悲。"

小和尚至此了悟佛法，他一生以"滴水"为名，人称"滴水和尚"。

佛观一钵水，八万四千虫。世间生命原本没有所谓的高低贵贱之分，无论多么卑微的生命，在这个世界上都应该有自己的一席之地。

慈悲是一种大爱，也是对世间生命的平等看待。万法皆空，因果不空。我们与身边的人、事、物都有着藕断丝连的关系，其中存在着一个又一个"蝴蝶效应"，可能因为我们的某一件错事，引发了一连串的反应，最后遭殃的还是我们自己。

既然任何一个生命都与我们息息相关、血肉相连，那么，我们在关爱其他生命时，其实也是对我们自身生命的关怀与尊重。

人生天地间，要存一颗悲悯之心，无论是对他人，还是对各种生物，毕竟我们生活在一个地球上，是同呼吸、共命运的伙伴。这不仅是一种博大的情怀，更是对人生与自然的理解和彻悟。

悲悯的本质一方面是珍惜，另一方面则是对自由的尊重。万事万物在自然界原本都是应该享有自由的。

如果对生命抱有“滴水”中的大慈悲之心，对生活抱着平和的态度，那么世界就没有了争端，人的内心也会欢乐。

心怀悲悯，万物皆和；一念之慈，万物皆庆。

最后，赠大家一首元代书法家赵孟頫的放生诗：

同生今世亦前缘，同尽沧桑一梦间。

往事不堪回首论，放生池畔忆前愆。

不快乐，是因为太聪明

第九章

无所求，无所忧

9

闲话年终奖

某公司今年的盈余大幅滑落，但这不能怪员工，因为大家十分敬业，丝毫不比往年差。只是，这加重了董事长心头的负担，因为马上要过年了，照惯例，年终奖金最少加发两个月的工资。今年可惨了，算来算去，顶多只能给一个月的奖金。

董事长忧心地对总经理说：“许多员工都以为最少发两个月奖金，恐怕飞机票、新家具都订好了，只等拿奖金就出去度假或付账单。”

总经理愁眉苦脸地说：“这就好像给孩子糖吃，每次都抓一大把，现在突然改成两颗，小孩一定会吵。”

“对了！”董事长灵机一动，“我小时候到店里买糖，一般店员都先抓一大把，拿去称重，再一颗一颗往回扣。但有个聪明的店员，每次都抓不足量，然后再一颗一颗往上加。说实话，最后糖的多少没差异，但我就是喜欢后者。”

没过两天，公司突然传出小道消息——由于经营不佳，年底要裁员。

顿时人心惶惶，每个人都在猜测会不会是自己。最基层的员工想：一定是由下面的人裁起。上面的主管则想：我的薪水高，只怕要从我开刀。

没过两天，总经理宣布：“公司虽然艰苦，但大家在同一条船上，再怎么艰难，也不愿牺牲共患难的同事，只是年终奖肯定没有了。”听说不裁员了，人人都放下心头一块大石，那种不致卷铺盖走人的窃喜，早压过了没有年终奖金的失落。

眼看除夕将至，人人都做好了过个穷年的打算。突然，董事长召集各部门主管开紧急会议。没过几分钟，主管们纷纷冲进自己的部门，兴奋地高喊着："有了！有了！还是有年终奖金，整整一个月，马上发下来，让大家过个好年！"

整个公司大楼里一片欢呼，连坐在楼上的董事长都感觉到了地板的震动……

过高的要求，让人看不到眼前的快乐；降低期望值，是提高幸福感最实用的技巧。故事中的董事长，正是通过降低员工的期望值，巧妙化解了难题，增加了员工的满足感，鼓舞了士气。

有人曾总结出这样一个幸福公式：幸福感＝得到的－期望的。我们可以通过增加获得的东西以增加幸福感，但这通常比较难；但我们也可以通过降低期望值来获得幸福感，这就比较容易。

因为，同样的事物实际效用是相当的，但期望值越高，则所谓的"幸福感"就越少。例如：一位白领和一位乞丐都得到了 1 元钱，这 1 元钱对两人而言可以发挥一样的效用。但是，白领的期望是外出旅游，需要 1000 元，结果白领的"幸福感"只有千分之一；而乞丐的期望值是今天能买个馒头吃，结果他的"幸福感"是百分之百。同样得到 1 元钱，一个幸福，一个不幸福，期望值在当中起了相当大的作用。

人一旦认为有恒常，那么就会有很多的期盼，希望一切事物的运行轨迹都能按照我们期盼和规划的方向去发展。可无奈的是，世事无常，这个世界并不是我们想象中那么完美，人生存在着很多坎坷。如果对客观世界和人生的期望值过高，没有危机意识和思想准备，就只能仓促地去面对死亡、生病、破产或名声受损等各种求不得苦和变故。那时候，没有心理准备的人一定会难以承受。

但凡有所期望，都是心之所向的因；但凡心有所向，就会有患得患失的果。我们的烦恼，就来自于这种向外不断攀执的心念。降低期望值，增加感恩度，我们就可以获得更多的踏实和知足常乐的真实感。

最后，赠大家一首明代莲池大师的《座右诗》：

草食胜空腹，茅堂过露居。
人生解知足，烦恼一时除。
蚕出桑抽叶，蜂饥树给花。
有人斯有禄，贫者不须嗟。
忖得还成失，拟东乃复西。
未来杳无定，何必预劳思？

世间最富足的人是谁?

清代有一本书叫《解人颐》，其中收录的《不足歌》中写道："终日奔波只为饥，方才一饱便思衣。衣食两般皆具足，又想娇容美貌妻。娶得美妻生下子，恨无田地少根基。买得田园多广阔，出入无船少马骑。槽头拴了骡和马，叹无官职被人欺。县丞主簿还嫌小，又要朝中挂紫衣。若要世人心里足，除是南柯一梦西。"

如果世界上的每个人都喜欢吃白菜心，那么剩下的白菜帮和叶子给谁吃？我们对于物质总是有所欲，亦有所弃，但那些不想要的，扔给谁才更公平呢？生活没有完美，只有完整。当我们不再一心想"要"，一心想扔掉"不要"，才能享受到生活的馈赠，感恩生命中的分分秒秒。

每个人，总想有一个大舞台施展才华，在高高的写字楼里，过上别人羡慕的生活，然而往往还未展翅高飞，就被社会现实折断了理想的翅膀。四处碰壁后，才看清自己的渺小和稚嫩，同时也陷入了深深的迷茫，紧接而来的是抱怨和怀疑，抱怨社会不公，怀疑自己的能力和命运，羡慕别人的人生总是那么光鲜亮丽，自己却生活在不幸中无法挣脱，自卑混合着绝望，给心灵上了一道枷锁。

人，其实不需要太多的物质，只要健康地活着，真诚地爱着，就是一种富有。生活之所以累，三成来自生存压力，七成源于攀比心。心小了，小事就大了；心大了，大事都小了。如果我们时时都能用感恩的心来看待这个世间，就会觉得世界很可爱，自己很富有，树上小鸟的轻唱，太阳无私的光明，路旁花朵的芬芳，都会令你感到心旷神怡。

清贫的生活，只要知足常乐，日日花红柳绿。世上第一富有的人是谁？《佛所行赞》曰："富而不知足，是亦为贫苦。虽贫而知足，是则第一富。"知足就是幸福，不知足不会幸福。家人开心，爱人舒心，孩子欢心，生活宽心，足矣！

人生路上，每个人都背着一个背篓，一路走，一路捡拾那些功名利禄装进背篓，得到的越多，负担也越重，直至举步维艰。人最幸福自在的时候，是放下。当你腾空双手，还有谁能从你手中夺走什么？

最后，送大家一首唐代诗僧王梵志的禅诗：

城外土馒头，馅草在城里。

一人吃一个，莫嫌没滋味。

人走，茶总是要凉的

明朝年间，有一位阁老到了退休年龄，致仕回家后，昔日的门前车水马龙，瞬时变作了门可罗雀。为此，这位阁老非常悲伤，逢人便说："世态炎凉，人走茶凉，真让人不好受啊！"

阁老的一位朋友听说后，前来劝他，说道："对于您现在的想法，我不敢苟同。我倒是觉得这仅仅是因为你心中有了炎凉，并不是世态的过错。过着平淡的日子，这才是我们本来应有的生活状态，而车水马龙、热闹纷繁，那是偶然才会得到的。你留恋昔日的富贵，认为那是理所应当的生活，厌恶现在的冷清，认为这是遭罪，所以才有了这样的感慨和心理落差。"

人一走，茶就凉，是自然规律；人没走，茶就凉，才是世态炎凉。一杯茶，佛门看到的是禅，道家看到的是气，儒家看到的是礼，商家看到的是利。

人走茶凉，从某种层面上说，是因为不甘心，还没有从往昔里走出来，自己还没放下，是自我的贪欲所致。

再热的茶，人走之后，终究是要凉的。其实，人们在意的并不是人走茶凉，而是凉得快与慢，都希望茶凉得不要那么快。

因为世人大多痛恨世态炎凉，讨厌此中的人情冷暖，但这本是自然规律，每个人都有自己的因缘际遇。不必恼恨你走了别人就不给你续茶了，也不必介怀有些人在你身边绕了一圈后就离开了你。天下没有不散之筵席，有何想不通？

因缘合和，缘起时起，缘尽还无，不外如是。有些人，出现在你的生命里，只是为了给你上一课，或是给你一个感动，陪你走一段路，事情完成了，就是他们转身离开的时候。

生活里遇到的每一个人，都是一种缘，缘尽了，终要散去。珍惜每一次遇见，当缘分已尽，适时放手，学会坦然面对，才是淡定之举。不必沉浸于过去的种种，缘起缘灭，自有定数。

人走了，茶凉了，就忘了吧。放下了就可以重新开始，忘记并不是当它从未存在，一切自在都来源于选择，而不是刻意。

最后，赠大家一首唐代石头希迁禅师的《从来共住不知名》：

从来共住不知名，任运相将只么行。

自古上贤犹不识，造次凡流岂可明？

无挂碍故，无有恐怖

古时有位将军，骁勇善战，万夫莫敌。这位将军有一个爱好，喜欢陶器，有不少珍贵藏品，有空就拿出来把玩欣赏一番。

一天，他把一个心爱的杯子拿在手中欣赏，心里正高兴，忽然手一松，杯子差点滑落在地，还好他动作快，把杯子捧住了，但他吓出了一身冷汗。

事后，将军想：为什么我平时身经百战，刀枪都不怕，竟为了这个杯子而吓出一身汗？

他一直自问：为什么？

忽然有个念头在将军脑海里闪现——这都是因为“贪爱”，有这份贪爱，就会有恐惧！于是，他毅然把手中最爱的杯子重重地摔破了。当下觉得一身轻松，不必再为了这个杯子的圆缺而挂心了。

《心经》上说：“无挂碍故，无有恐怖。”“无挂碍”不是说没有念想，而是要想得通。“无有恐怖”也不是没有恐怖，而是让恐怖变得不再可怕。

人走在大路上与走在悬崖边，感受不一样，因为走在悬崖边有摔下去的危险，这就是挂碍，恐高症就是这么产生的。心无挂碍，就意味着走在哪儿都是康庄大道，因为心无旁骛。

再比如面对死亡，许多人一味地畏惧死亡，这也不敢，那也不敢，坐飞机怕坠机，坐汽车怕追尾，这样心中就会生起困扰。但是，如果能认识到生死是无常的，正常人正常生活，没到大限的时候，也没那么容易死，该注意的时候注意下，就可以了。想通了这点，人就过得自在了。

回头看看，财富无论聚集多少，终有散尽之时；名誉地位无论多么显赫，终有落幕之日；再美的花朵，终将枯萎凋谢。人生短暂，不过数十载，待大限来时，你一生争来的、喜爱的东西，哪一样能够带走？财、色、名、食、睡，哪一样能够留住？只有你所造的善业、恶业相随而已。“万般带不走，唯有业随身”，看透了无常，看透了因果，就能放下，就能自在。

佛陀的弟子跋谛曾说：“当初我身为国王时，居住在王城宫殿，卫兵层层保护，身心实在不得自由。自从我出家后，日中一食，逍遥自在。夜晚睡在树下，置身于大自然中，毫无牵挂、自由自在。这才是真正的快乐。”

只有“心无挂碍”，才能“无有恐怖，远离颠倒梦想”，从而达到“究竟涅槃”的境界，这是大快乐，是大幸福！

最后，赠大家一首佛门诗偈：

一日无常到，方知梦里人。

万般将不去，唯有业随身。

一夜暴富是好事吗？

泰国人勇育是一名商场保安。2015 年时，勇育随手买了一张彩票，幸运地中了 3000 万泰铢（约合人民币 600 多万元）的大奖。拿到奖金后，勇育买了 4.8 万平方米土地，准备建造一座大别墅。但别墅还没建好，夫妻俩就闹起了离婚。原来，当亲戚们得知这个事情后，开始找各种理由借钱。尤其是妻子的娘家人，如果不借钱给他们，就对勇育恶言相向，甚至还挑唆他们的夫妻感情。最终，法院将孩子判给了妻子，勇育每月给孩子 7000 泰铢生活费，又给了妻子 100 万泰铢和一辆新车。当勇育的豪华别墅建成后，房子里却只剩他一个人了。

后来，勇育想了三天三夜，看透了一切，毅然出家。

千金之人，必有千金之德。反过来说，一个人如果德行不够，财富会给他带来灾祸。许多人眼馋这家宝马车好、那家大别墅好，心下寻思一定要过上这样的生活。大家都这样想，结果会如何呢？“伦常乖舛，立见消亡；德不配位，必有灾殃。”

灾殃从哪来？从忘乎所以中来，从挥霍无度中来。不可否认，能中彩票的人，都是有福报的人。但好坏只在一念之间，原本就是带有博彩性质的意外之财，如不能正确、节制地使用，不能以一种健康的心态面对“天上掉下来的馅饼”，这些财富就会转变为厄运。古人云“厚德载物”，“厚”是深厚的意思，“德”即按照自

弘法寺 · 千菩萨殿（侧景）

弘法寺 · 殿前广场

然规律工作、生活、做人做事，“载”就是承载，“物”就是我们说的福报。我们所有的物质财富、权力名望，老祖宗用一个字表达叫“物”。厚德，才能承载万物。反之，则“德不配位”，意思是德行配不上福报。打个比方，一张桌子能承受100斤重的物品，你非得给它放上150斤、200斤、500斤的重物，这张桌子就会变形，甚至破碎。

金钱、权力、名望都是福报，都是压着自己的物，但你能承载得了吗？靠什么承载？靠符合万物规律的德行。古往今来，社会的总体趋势是，有德者掌握财富，才不会危害社会，才不会浪费资源。所以，佛教提倡净财，就是通过自己的勤劳、智慧去获得财富，而不是靠着类似于赌博、买彩票的方式。

那么，怎样做才能既合理地使用横财，又可以为自己种下善根呢？要培植福报，避免因缺少福报而带来灾难。那些中彩票、发横财的人，如果都能意识到要承担起更多的社会责任，帮助他人，广行布施，回馈社会，这些意外之财就不会带来那么多烦心事。

最后，摘一段《憨山大师醒世歌》赠予大家：

吃些亏处原无碍，退让三分也不妨。
春日才看杨柳绿，秋风又见菊花黄。
荣华终是三更梦，富贵还同九月霜。
老病死生谁替得，酸甜苦辣自承当。

“命里无时莫强求”这话对吗？

国学大师季羡林先生曾说：“信缘分与不信缘分，对人的心情影响是不一样的。信者胜可以做到不骄，败可以做到不馁，绝不至胜则忘乎所以，败则怨天尤人。中国古话说：‘尽人事而听天命。’首先必须‘尽人事’，否则馅饼绝不会自己从天上落到你嘴里来。但又必须‘听天命’。人世间，波诡云谲，因果错综。只有能做到‘尽人事而听天命’，一个人才能永远保持心情的平衡。”

“命里有时终须有，命里无时莫强求。”短短 14 个字，却是个浑圆自洽的逻辑体系，可以用来解释任何人的成功，也可以用来解释任何人的失败。果真是一切有命，当听天由命吗？

佛说：“欲知前世因，今生受者是；欲知来世果，今生作者是。”意思是，命运的上下沉浮，取决于因与缘。好因缘一旦结合，果报就是福，命运就向上。这也说明，命运不是固定的，而是可以改变、可以创造的。当新的因缘被创造后，命运也随之改变。那么，旧的因缘靠谁改变？新的因缘由谁创造？答案是我们自己的努力，还有他人的加持。用季羡林先生的话说，首先必须得尽人事。

尽人事，是种下好因缘的种子。把种子种到地里，不浇水、不维护，肯定不行。有了缘分，你也不能睡大觉，得天天努力才有成果。没有缘分，没有种子，你再努力，天天施肥，也长不出庄稼。所以，缘分是可以努力创造的。

人生，有两头是确定的，一头是出生，一头是死亡，而中间的状态是完全不确定的。诸如求学机会、事业选择、爱情姻缘，这些都充满着博弈和变数。你努力求知，无论是否考上名牌大学，都会让自己变得优秀，获得更多机会；你专研商道，纵然不发大财，也缺不了衣食。这都是自身努力所带来的福报。

这世上，不乏身患残疾但仍成就事业之人。相反，许多人体壮如牛，但思维认知却出了故障。他们把精力耗费在那些不能改变的事情上，抱怨自己没有生在富贵之家，埋怨爹妈不是富一代。如此颓废之人，纵是把财富拱手送至脚下，他也会败个干净，而后长叹一声：这都是命！

明慧之人，总有一颗凡事尽力的向上之心。他们目标明确，终生学习，让自己每天优秀一点，日积月累，自然能获得比别人更多的机会和福报。

积善之家必有余庆，积恶之家必有余殃。改变能够改变的，接受不能改变的，每个人的命运，都在自己手中。

最后，送大家一段佛家的《十来偈》：

端正者忍辱中来，贫穷者悭贪中来，
高位者礼拜中来，下贱者骄慢中来，
喑哑者诽谤中来，盲聋者不信中来，
长寿者慈悲中来，短命者杀生中来，
诸根不具者破戒中来，诸根具足者持戒中来。

这样一比，亮点就来了

一个叫罗伯特的电视能记者，拍摄到这样两组画面：一组画面的主人公是一家公司的总经理，此人在办公室里超负荷地忙碌着，虽然西装笔挺，但神情憔悴、满脸疲惫。另一组画面的主人公，是一位在写字楼工作的清洁工，他身着蓝色帆布衣服，破旧但不脏乱。只见他一边清扫垃圾，一边哼着俄罗斯乡村歌曲，一副怡然自得的样子。总经理是典型的富人代表，而清洁工则是典型的穷人代表。这两组镜头在电视上播出之后，奇迹出现了：许多穷人不再仇恨富人，居然还有很多富人开始羡慕穷人的生活。

很多政府官员和社会学专家都觉得奇怪，仅仅是两组极普通的镜头，怎么就有这么大的威力？罗伯特道出其中的秘密：“以前，许多镜头都习惯于对准富人的资产和穷人的疾苦，矛盾便出现了。我将镜头对准富人和穷人的内心，富人因为欲望太多，所以神情疲惫；穷人因为生活简单，所以满脸幸福。富人和穷人不能只比物质，还要比幸福感。”

多数人对幸福的理解确实存在问题，他们往往是从外在条件来考量，如家庭、地位、金钱等。事实上，幸福只是一种内在的的感觉。

当代人压力大，很烦恼、很紧张、很焦虑、很忧郁、很恐惧。原因是什么？是因为活得不安，而一切烦恼的根源皆因心动。心一动，世间万物跟着生起，纷纷攘攘。每个人只有一颗心，烦恼痛苦是这颗心，幸福快乐也是这颗心；忧郁恐惧是这颗心，平静安详也是这颗心。大部分时候，我们的心做不了主，都是心随物转，随着外部世界的变化而团团转。你有金钱、物质，那金钱、物质可以转动你的心；你有美貌、爱情，那美貌、爱情可以转动你的心；你有名誉、地位，那名誉、地位可以转动你的心。我们的心常常会被金钱、爱情、名誉、地位牵着鼻子走，迷失了自我，失去了自己的本来面目。

你想要快乐，回归平常心就能够快乐。如果没有平常心，而只有种种的贪婪心、执着心、嫉妒心，想快乐是不可能的。比如说，如果你爱虚荣，攀比心、嫉妒心都比较强，不管你外在的财富有多少，都会觉得比不上人家，会觉得很烦。只要把这些攀比心、嫉妒心转化成平等心、随喜心，自然就不会有烦恼了，时刻都处在快乐、欢喜的状态之中。

每个人内心深处都有一盏光明的灯。我们唯有挖掘自心光明，开发自心的智慧，才能照亮生活中的黑暗，获得真正的幸福。

最后，送大家一首明代医家龚廷贤《寿世保元》中的养寿诗：

惜气存精更养神，少思寡欲勿劳心。
食唯半饱无兼味，酒止三分莫过频。
每把戏言多取笑，常含乐意莫生嗔。
炎凉变诈都休问，任我逍遥过百春。

无心恰恰用，用心恰恰无

居士老陈一直精进念佛，也致力于多做善事，帮助周围的人，期望着能早日开悟，享有福报。这天夜里，老陈做了一个梦，梦中见到了佛陀。佛陀说："你已经完成了 80 份布施，还差一份布施就可福报圆满。明日，你家门口有一位病人路过，你一定要照顾好他。"老陈一早醒来，还记得梦中的情形，就去家门口等着这位病人过来领他的布施，好完成福报。

午间时分，果然有病人经过，老陈不由分说上前请求照顾病人，但病人怯生，怎么都不愿接受老陈的好意，二人就在老陈家门口拉扯起来……

佛家提倡无相布施，指的是布施时心中没有布施的我、受布施的人、所布施的物，当然，布施后更不存求报的念头。这种三轮体空无相而施的功德，才是最大的功德。故事中老陈的做法，就不能称之为无相布施，因为老陈是有目的的，是为了完成自己的福报，这和无相布施的意义不符。

行善助人是好事，但做好事不能执着。《大智度论》有言："若着心布施，有不称意事，则生恚怒；若受者不感其恩，即成怨嫌。"那该怎么做呢？要有心理准备：即使自己的行为是正确的、善良的，也不一定会得到所有人的认可，还可能有人误解、排斥，因为每个人想法都不一样，这是正常的，不要因此生分别心。

想广行布施，就不能执着于有一个布施的“我”、有一个被施予的对象、有一个所布施的东西。一旦有了执着，就会产生贪吝、嗔恨、骄慢等烦恼。我的师父本焕老和尚常强调，我们用功办道是无相的。我们在世间为人处事、给人帮助，要学习从有相的功德转为无相的功德，从有为的慈悲转为无为的慈悲。凡事不要斤斤计较，做一点事就想得到回报，反而消减了功德。行菩萨道，应该“应无所住，而生其心”，这需要高妙的智慧。“住”，指的是人对世俗、对物质的留恋程度；“心”，指的是对佛理禅义的领悟。

无相布施，于一般人而言，很难做到，但我们不妨心存向往，试着练习。当你付出时不是为求回馈，付出之后不再挂在心头，对社会大众做了任何贡献，都想象着那是社会大众共同的福报所感，感激社会大众成就了你的道业。虽然这是道业，你也不要觉得这是你做的功德。若能如此，你虽尚未实证“无相无我”的境界，却有助于你破除我执。

最后，赠大家一首唐代牛头法融禅师的诗偈：

恰恰用心时，恰恰无心用。
曲谭名相劳，直说无繁重。
无心恰恰用，用心恰恰无。
今说无心处，不与有心殊。

无事是贵人，诸君会吗？

近代名士于右任，胡子很漂亮，长髯飘飘，儒雅飘逸。别人夸赞，他也自得。这样过了很多年，他与他的胡子相安无事。后来有一天，忽然有个孩子问他："老爷爷，你的胡子这么漂亮，晚上睡觉时是放在被子里呢，还是放在被子外呢？"于右任一笑置之。晚上睡觉时，于右任看着自己的胡子，想起那个孩子的话，就开始寻思：这么漂亮的胡子应该好好呵护才是，放被子外怎么行？可要是放被子里，又怕压着，到底应该怎么放呢？就这么琢磨来琢磨去，一晚上没睡着。

明代高僧紫柏真可禅师和憨山德清大师是好朋友。有一天，紫柏禅师聚精会神地读经，不知不觉太阳已经下山，屋里暗了下来。但紫柏禅师依然手不释卷，书上的字看得清清楚楚。这时，憨山大师来了，看到紫柏禅师在昏暗中读书，惊讶地问："天都黑了，你怎么还看书，看得见吗？"紫柏禅师这才发现屋外已经黑了，低头再看书，已经完全看不清字了。

人心有个本来的面目，可一旦起了美丑、对错、黑白等思量分别，便失去了本真。

临济义玄禅师有言："无事是贵人。"只要心中无事就天下太平，就不会有冤家敌人，没有舍不掉、放不下的人，也没有特别亲或特别怨恨的人，所以他不会伤害任何人，对任何人都有益处，因此他是贵人。

世间本无事，庸人自扰之。心中有长短、好坏、多寡、善恶之分的是忙人。他们牵挂太多、计较太多；已经做了的好事记得牢牢的，若是坏事则想尽办法掩饰、辩护，做多做少都要跟别人比较，有成就即得意，不得志则失意。这些人心中有事，就叫作有事的人。有事的人心穷，老是不满足，老是在贪取。而无事的人心中很满足、很自在，即使有钱也不会吝啬骄傲，没钱也不会自卑丧志，所以气质高贵。

“无事”并非平稳无事之无事，也非无事可干之无事。此无事是除了求佛、求悟和求道之外，别无所求之心。“贵人”不是贵族之“贵”，而是值得尊崇之人。

在我们内心深处，生来就有和佛别无二样的纯粹本性，即佛性。发现它，使之显露出来，这就是禅的修行。但现实情况是，我们动辄就向外寻求佛性，茫然若失。

平常心，不造作，保持清醒状态，这就是“无事”。不管置身于何种境地，不要去创造一些障碍来折腾自己，不要去想象一些事情来折磨内心，这样的人即为“无事贵人”。正如黄檗希运禅师所云：“终日吃饭，未曾咬着一粒米；终日行，未曾踏着一片地。”即便我们从早忙到晚，毫无闲暇，但只要能让心灵自由自在，就不会被烦恼无明侵扰，成为那个无事的贵人。

最后，赠大家一首唐代守安禅师的《问道颂》：

南台静坐一炉香，终日凝然万虑亡。

不是息心除妄想，只缘无事可思量。

人生随时可以重来

韩语学习班新一期开学报名时，来了一位老者。

“给孩子报名？”工作人员问。

“不，给我自己。”老人回答。

工作人员愕然。

老人解释道：“我儿子在韩国找了个媳妇，他们每次回来，说话叽里咕噜，我听了着急。所以，我想听懂他们的话。”

“您今年高寿？”工作人员问。

“68 岁。”

“您想听懂他们的话，最少要学两年。可两年后，您都 70 岁了！”

老人笑吟吟地反问道：“姑娘，如果我不学，两年后就会是 66 岁吗？”

人生随时都可以重新开始，没有年龄限制，没有性别差异，只要我们有决心和梦想，即使到了 70 岁，也能重新开始自己的人生。

当我们回首看自己走过的路时，总有几个时间点会让我们想要乘坐时光机器返回，劝诫那时的自己：“去尝试，去选择，去努力！”

人生最宝贵之处，就是我们拥有理智、自由，可以做自己想做的事情。幸福的标准不在于“有多完美”，而在于“有多大意愿付出努力”。只要你活着，就该努力以最好的方式活在当下。

人生是一个不断尝试和修正的过程。只有不断地尝试新鲜事物，丢弃自己的过去，敢于在未知的白纸上写下新的印记的人，才能创造出让人羡慕的未来。

只要开始，就永远不晚。人生最关键的不是你目前所处的位置，而是迈出下一步的方向。

最后，赠大家一首唐代诗人杜荀鹤的励志诗《题弟侄书堂》：

何事居穷道不穷，乱时还与静时同。
家山虽在干戈地，弟侄常修礼乐风。
窗竹影摇书案上，野泉声入砚池中。
少年辛苦终身事，莫向光阴惰寸功。

不快乐，是因为太聪明

第十章

所谓情商高，就是会说话

10

假话全不讲，真话不全讲

国学大师季羡林先生曾说：“我说过不少谎话，因为非此则不能生存。但我还是敢于讲真话的，我的真话总是大大地超过谎话，因此我是一个好人。”

他还说：“要说真话，不讲假话。假话全不讲，真话不全讲。就是不一定把所有的话都说出来，但说出来的话一定是真话。”中央电视台曾经对季羡林先生做过专访，主持人在听到季老这句话时，问道：“为什么真话不全说呢？全说真话不是更好吗？”季老反问：“你能全说真话吗？”主持人一时语塞，只能“哈哈”了。

“假话全不讲，真话不全讲”甚为经典，“假话全不讲”是做人的道德底线，“真话不全讲”是为人处世的智慧。真话碍于某些情况不能全说，但我们要保证说出来的全是真话。这是做人做事的勇气和担当，也是值得尊敬的优秀品格。

中国人讲究中庸之道，在凡夫眼中，“真话不全讲”大多是因担心耿直讲真话太直白，会伤害到他人。而说话的人可能只是想讲出真相，并不想伤害他人，那该怎么办？在“假话全不讲”的情况下，“真话不全讲”恐怕就是一种具有必然性的表述策略。

“假话全不讲”并不是件容易的事。季羡林先生自己也承认“我说过不少谎话，因为非此则不能生存”。所谓假话，也分利己与利他。正如在菩萨戒中，菩萨为了利益众生，可能会妄言，甚至可能以暴制暴，但我们须明确这一切的前提是必须没有丝毫的利己之心掺杂其中。

在佛门中，妄语也是有分别的。去别人家里，怕麻烦别人，自己没有吃饭，却说吃过了，这叫“方便妄语”。其目的不是为了伤害或欺骗他人，也不是为了个人的利益，这样的妄语一般来说是没什么妨碍的。

佛家戒律典籍里有个故事：有一位老比丘住在山里，某日，一只被猎人追赶的野猪从老比丘面前跑过，当猎人追来询问时，老比丘却指了相反的方向。老比丘的做法完全是出于对野猪的慈悲，虽是说了妄语，却没有罪过。若以菩萨戒来衡量，这样的妄语还有功德。

“假作真时真亦假，无为有处有还无。”假话全不说，真话不说满，我想就是这个道理，真话全讲或讲满、讲透，难免有虚言。

最后，把下面这段话送给大家：

> 父母的一句谎言，让涉世未深的孩童脸若鲜花；医生的一句谎言，让恐惧的病人由毁灭走向新生。只要你心中想着他人，善意的谎言便神奇又美丽。它既不会造成信任危机，也不会玷污文明，更不会扭曲人性。

有一种修行叫守口如瓶

富兰克林·罗斯福在就任总统之前，曾在美国海军担任要职。有一次，他的一位好朋友向他打听海军在某个小岛上建立潜艇基地的计划。

罗斯福神秘地向四周看了看，压低声音问道：“你能保密吗？”

“当然能！”朋友十分肯定地说。

“那么，”罗斯福微笑着说，“我也能。”

罗斯福的拒绝委婉含蓄，且富有幽默感，不仅坚持了保密的原则，而且避免了尴尬的局面。

生活中，我们不仅要保守自己的秘密，也要尊重他人的秘密。无论何时，保守秘密的人都能受到重用，也能赢得他人的信任。

古语说：“言者，风波也。”人最难管住的就是嘴：真话有人说，假话也有人说；好话有人说，坏话也有人说。幸运和倒霉全拜它所赐。

当你把所有心事全都袒露给别人时，你的弱点也会全暴露在别人面前，并不是所有人都会对你的秘密守口如瓶，也不是所有人都能以善意的眼光看待你的弱点。

有些人心性不稳定，心里藏不住事。特别是酒醉之后，最易吐真言：“咱们朋友一场，今天我什么都没保留，全跟你说了，你可千万不要跟别人说！”但过了两三天后，这个朋友又在别人面前上演了同一出戏……如此守不住嘴，只会令信任自己的人失望。

谨守口德是一种修养，不敢在人家面前谈的话，绝对不要在背后说；敢在背后说的话，一定可以光明磊落地在他人面前谈。沉默是金，不爱多说话的人，他内心并不是糊涂得无话可说，而是他明白话说多了鲜有不败事之理。

我们修行人，群居守口，独坐防心。跟大众一起时，不要讲太多话；自己一人时，要克制私心妄想，久而久之，便能专一其心。

口德清净性似渊，自古圣贤皆慎言。能发心修正口业，就是在修福；能正确描述现象及真理，就是在修慧。当我们能有效运用语言文字来帮助自己及众生时，就是福慧双修。

最后，送大家一段修身养性的警句：

口舌之利多刃剑，伤人伤己留后患。
不知不觉碍善缘，浑然不知口业添。
以讹传讹招祸端，有失功德神气散。

好好说话的艺术

老话说："病从口入，祸从口出。"祸害多从言语中来，有时候我们图一时嘴快，但得来的却可能是永久的伤害。会说话是一门学问，说话有分寸更是一种修养。

会说话包含四层含义：不该说话时不说，该说话时好好说，已经说错了要懂得适可而止，有时沉默比什么话术都有效。

行亦禅，坐亦禅，闭口亦是禅。闭口以求排除杂念，净化心灵。去心垢染，行即清净。如人锻铁，去滓成器，器即精好。所以，静心以守志，方可成器。

生活中，我们应尽量多说些"禅话"。说禅话，就是要说欢喜的话、真实的话、谦虚的话、利人的话。

急事，要慢慢说。"中华第一望族"琅琊王氏的家规只有6个字——言宜慢，心宜善，却让这个家族1700年间出了36个皇后、36个驸马、35个宰相，足见有话慢慢说的巨大力量。这体现的，是一种性格的沉稳和言语的谨慎。

《礼记》中说："君子约言，小人先言。"君子谨慎说话，小人妄言妄语。谨慎是一种态度，更是一种修养；如果没有把握，不说最好。在别人问起或事到临头而不得不说时，措辞一定要谨慎，这样才能不误人。当时和事后，人们也会觉得你是个靠谱、值得信任的人。

没发生的事，不胡说。《荀子》中说："流言止于智者。"如今的网络上常充斥着各种谣言，无论是制造谣言还是传播谣言，体现的是人的品质、修养和辨别力的缺失，让人觉得不负责任、无事生非。所以，遇事要多些怀疑，对还没发生的事，绝不可胡说，亦不可随意传播。

伤害人的事，不能说。《增广贤文》中说："良言一句三冬暖，恶语伤人六月寒。"言语的杀伤力巨大，千万不可小视，要少说甚至不说伤害人的话，多说暖人心窝、对人有益的话。这是一种善良，也是一种慈悲，更是处世良方和增进感情的秘方。尤其是对亲戚朋友，更要注意，因为在亲密的人之间，恶言恶语的杀伤力是翻倍的。

伤心事，别见人就说。人在情绪不好尤其是伤心时，倾诉的欲望会相当强烈，这无可厚非。但要切记两点：对熟悉的人不要说太多，适当地倾诉可以增进亲密关系，但倾诉太多、太过，就是把别人当"垃圾桶"了，会适得其反。另外，伤心事不要逢人就说，因为这种倾诉容易给他人造成情感上的压力，甚至让人反感。别人毕竟跟你不熟，而倾诉是比较私密的事。

好辩是一种执着，无言是一种境界，此心如如，默然欢喜。

最后，摘一段弘一大师的《格言别录》赠予大家：

> 心不妄念，身不妄动，口不妄言，君子所以存诚；
>
> 内不欺己，外不欺人，上不欺天，君子所以慎独。

有些话难说也得说

前些年，在云南边境的一场战斗中，士兵老何以身体滚爆山坡上的一个地雷阵，上级决定授予他特等英雄的称号。但是，老何对前来采访的记者说：“我不是有意滚雷，是不小心摔下去，没办法，只能顺势滚下去。”记者说：“特等英雄的称号已经报了，你就顺着主动滚雷的说法讲吧。”但是老何觉得不好意思，坚持说他是不小心摔下去的。结果，那次获得英雄称号的是另外两个战友。老何很快就复员了，回到四川农村，现在惠州淡水打工，仍然是个农民。一些人问他是否后悔，老何说：“我本来就是一个种地的，如果摔一跤就成了英雄，那才后悔呢！”

现实生活中，许多时候假话充斥在我们周围。讲真话，做好人，有时候是一件很辛苦的事，你必须承受得起同步而来的憋屈、窝囊和痛苦，但你会活得踏实心安、理直气壮、从容自在。

最近和一位居士聊天，他跟我说：“皈依以后，怎么感觉活得比以前更累了？”我问：“为什么这样说？”他说：“不讲真话，还能活得舒服一些；讲真话，就会得罪人。我这几天在想，这是信仰出了问题，还是人出了问题？”我回答道：“《金刚经》中有一句话，‘如来是真语者、实语者、如语者、不诳语者、不异语者’。我们学佛，应该这样学。”讲真话，本来是为人处世的基本要求，现在却成了一种

“奢侈品”。在没有信仰的人群中，更是凤毛麟角。

《大明度经》中说：“佛语不欺，当作是学，当作是求。”佛陀的语言永远不会欺惑众生，我们作为大乘弟子应学习这种教言，并在实际生活中去身体力行。佛陀为什么不说妄语呢？在《释量论》中有一句话：“无因不说妄。”因为多劫以来，佛陀从根本上断除了说妄语的因——贪、嗔、痴等烦恼，故而不会说妄语。

要做到“不妄语”，就要讲真话，实事求是。一是一，二是二，不夸大，不掩饰，不作假。如果不知道该怎么说，可以禁语不讲。止语也是我们的修行功课之一。

有人说“讲真话”会伤人。其实伤的不是人，是人的“我执”。“讲真话”是一把利斧，打破的就是“我执”。“不讲真话”是一件铠甲，保护的也是这个“我执”。

在修行中，说实语是第一善，说妄语是第一恶。真话是一种真实自我的呈现，无关指责或要求他人。不说真话，你会变成一个孤独的人。说真话，人们才能在真实的对应间照见各自完整且独特的生命。

最后，赠大家一首唐代诗人李白的《古风·松柏本孤直》：

松柏本孤直，难为桃李颜。
昭昭严子陵，垂钓沧波间。
身将客星隐，心与浮云闲。
长揖万乘君，还归富春山。
清风洒六合，邈然不可攀。
使我长叹息，冥栖岩石间。

弘法寺 · 禅堂

弘法寺 · 景观

致所有不会说话的人

梵高和毕加索都是驰名世界的天才画家。梵高生前穷困潦倒，一生画了900多幅油画，却只卖出过一幅画，获400法郎，37岁时开枪自杀。相比于梵高，毕加索的人生灿烂辉煌。他在91岁辞世时，留下了三万多幅画作、数幢豪宅和巨额现金。两者同为艺术巨匠，为什么一个穷死，一个富死？

因为毕加索不仅是一位绘画天才，也是一位营销推手，是位很会说话、讲故事的事业达人。而梵高呢，只会默默作画。

毕加索作画有商业观念，卖画前先要办画展，给画商绘声绘色地讲作品背后的故事。画作融入人的故事后就更值钱了，还会被更多的人渲染、演绎下去。价值，是通过与人说话沟通、分享内容实现的。

人生之困扰，十之八九都出在人际关系；而人际关系的困扰，十之八九都是因为沟通出了问题。

不会说话的人，往往比不会做事的人更不受欢迎。会说话的人，即便不会做事，也可以让别人开开心心地替他把事做了；但不会说话的人，即使他热心地关心别人的事，甚至替别人做事，也往往吃力不讨好。他会埋怨对方“不识好歹”，却从不反思自己是不是情商太低。

相反，会说话的人总能既巧妙地表达自己的想法，又让人心生愉悦，在交际圈中受到欢迎，生活自然也常伴好运。

如果你是个不会说话的人，可以读读寂天菩萨的《入菩萨行论》，其中“自他相换”的修行方法，是非常有力的转念法。设想如果你是对方的话，你的心情、做法如何？这样一转念，你很快就能接受对方。以这种方式倾听对方的心声，就能多一份理解、多一份体谅。

愈是有自信的人愈是谦卑。“是非不必争人我，彼此何须论短长。”嘴巴上不肯吃亏反映出内心的自卑、悭贪、嫉妒、好胜，自己无法看到内心的弱点，又怎能为他人提供有帮助的建议呢？

谈话是一种心灵的沟通，讲得好可以化解恶缘。其实沟通也不需要太高深的艺术，只要肯放下我执，让心灵腾出一些空间，纯然地接受对方，再大的误会都不难化解。

能在一起谈话就是因缘，不论是亲戚、朋友、同事，乃至陌生人，不妨好好说话，结个善缘。

最后，赠大家一首明代戏曲家汤显祖的《高座陪达公》：

一切雨花地，重游支道林。
云霞法尘影，山水妙明心。
境以庄严寂，春当随喜深。
金轮忽飞指，江上月华临。

得理也要饶人

《我们仨》是钱钟书夫人杨绛撰写的家庭生活回忆录。

钱钟书在世人眼里，是个十足的书呆子加生活白痴。他一辈子分不清鞋的左右脚，60岁才学会划火柴。

女儿钱瑗出生那会儿，钱钟书来到产房，告诉妻子，说自己在家里“干了坏事”——他把墨水瓶打翻了，害得家里一片狼藉。

杨绛说：“不要紧，我回家洗。”

钱钟书说：“墨水呀！”

杨绛安抚他：“墨水能洗掉的。”

回家后，钱钟书又不小心把台灯摔了，杨绛说：“不要紧，我会修。”

对于妻子的“不要紧”，钱钟书深信不疑，且充满感激。

杨绛出院后，以前十指不沾阳春水的钱钟书为其炖了鸡汤，一直悉心照顾爱妻。

遇事，开口指责，数落一番，这是很多夫妻的日常。换了别的夫妻，遇到上述状况，就算不吵上一架，也会指责一番。然而钱钟书和杨绛这对有修养的夫妻，一个犯傻，一个包容；一个犯错，一个温柔地说“不要紧”。

责备一出口，就意味着伤害。夫妻关系最大的敌人，有时并不是出轨、家暴，而是在我遇到困难时你没有帮一把，在我痛苦难过时你依然不依不饶地指责。

家庭不是论对错的地方，如果能将指责放下，不纠结对错，得理时依然饶过对方，遇事心平气和地思考并一起努力解决问题，你就会慢慢发现，曾经疲惫无趣的婚姻生活在逐渐焕发光彩。

人其实有一个强大的能力，就是选择放弃得理不饶人的行为，能欣赏别人的好，也能容下别人的不好。这种能力不是与生俱来的，它靠的是自我修行。

那些修行中的高远境界与实证，我们暂且不谈，先回到当下的生活：你有能力和智慧处理好亲人、朋友间的矛盾吗？你有能力和智慧处理好自己和他人的矛盾吗？你的生活和谐吗？假如在这些最基本的生活问题面前，你的情况是一团乱麻，那就真的需要三省吾身了。

有关家庭和睦的妙诀，我送大家12个字：“有则若无，实则若虚，既往不咎。”我谦让相待，对方也必和气往来。很多家庭不和，皆因在无关紧要的小事上斤斤计较。倘若能放下人我之心，自然可以和而不同，相敬相守。

忍耐是修行的力量，包容是做人的修养，柔和是处世的良方，感恩是惜福的资粮。生活里的大风大浪毕竟是少数，那些融在柴米油盐中的修养才最令人动容。

最后，赠大家一段弘一大师的修心语录：

人之谤我也，与其能辩，不如能容。

人之侮我也，与其能防，不如能化。

最温暖的爱语

有一位表演大师上台演出前，他的弟子告诉他鞋带松了。大师点头致谢，蹲下来仔细系好。等到弟子转身离开后，他又蹲下来将鞋带松开了。

有个旁观者看到了这一切，不解地问：“大师，您为什么又要将鞋带松开呢？”

大师答道：“因为我饰演的是一位劳累的旅者，长途跋涉让他的鞋带不整，可以通过这个细节表现他的劳累憔悴。”

“那您为什么不直接告诉您的弟子呢？”

大师答道：“他能细心地发现我的鞋带松了，并且热心地告诉我，我一定要保护他的善意，及时给他鼓励。”

鼓励使人进步，打击使人懈怠。鼓励在精神上给进取者以自信，给犹豫者以果敢，给彷徨者以决心，给灰心者以希望。你愿意鼓励的人越多，你讨厌的人就越少；你鼓励的人越多，收到的善意也就越多。

佛教把一切赞美与鼓励人们向上、向善的话称为“爱语”。爱语是慈心的体现，能够带给人欢喜、信心、希望。说这样的话的人，不管走到哪里，都像一阵春风，给人带来一阵清新，自然就会成为处处受欢迎的人。佛教徒应以爱语来互相勉励、互相肯定、互相成就。在一个充满温情与和谐的集体中，最常听到的就是“谢谢”“感恩”“我为你的成就感到高兴”之类的话语。

口说爱语，可以帮助我们摄化众生，广结善缘。一切众生，皆有我执，所以都愿意听到肯定的言语。常以赞叹、鼓励与之，会令听者心生欢喜，进而接受我们的帮助、劝诫乃至批评。

学佛，是学习诸佛菩萨的身、口、意三业清净，学习诸佛菩萨的广大心量，时时刻刻以爱语广摄众生，恒顺众生之心。

《菩提行经》曰：“于世亲非亲，悦颜先慰喻，如是常自制，心念恒不舍。”佛陀要求我们时时心念大众，无有分别，不管亲近与否，都要和颜悦色、宽慰人心，这是佛子修行菩提的本色，也是最吉祥的境界。

最后，摘一段清代金缨《格言联璧》中的警句赠予大家：

度量如海涵春育，应接如流水行云。

操存如青天白日，威仪如丹凤祥麟。

言论如敲金戛石，持身如玉洁冰清。

襟抱如光风霁月，气概如乔岳泰山。

忍十秒再说

很久以前，在印度阿练若池的边岸草丛里，有两只雁鸟和一只乌龟结为了好友。有一年，因久旱不雨，池水枯竭，龟在旱池中受烈日蒸炙之苦，两只雁鸟很同情乌龟，便想法子把乌龟迁移到另一有水的池塘去。

雁鸟让乌龟嘴紧咬住一根树枝，两只雁鸟则分衔两端，然后飞到有水的池塘去。起飞前，雁鸟嘱咐乌龟："飞行时，千万莫开口，切记！"

当雁鸟衔着乌龟飞到村落上空时，被一群孩子看见了，他们大声高呼："快来看！乌龟被两只雁给叼走了！"乌龟听到下面孩子的喊叫，被伤了自尊，顿生嗔怒，张嘴喝道："关你们什么事？"乌龟一开口，从空中坠地而亡。

龟雁之喻，警戒世人慎言之要，而凡夫无明，常因不慎言而遭口舌之祸。

慎言是一种美德，是稳重和淡定。慎言是指谨防口无遮拦，适时、适度、适情地说话。古德云："慎言以养其德，节食以养其体"，"修己以清心为要，涉世以慎言为先"。我们常说，学佛要从善护三业做起：善护口业，不讥他过；善护身业，不失律仪；善护意业，清净无染。其中最易犯者，非口业莫属。

易犯口业的人，通常有两种毛病。一是满足心理需要，把别人说得很糟糕、很不堪，自己反而生起欢喜心，这是慢心在作祟。再则就是急性子，有些人真的是心直口快，想到什么便脱口而出，不假思索，完全不顾他人的感受。而且，越是亲近的人，越是习惯于恶言伤害彼此，似乎少了安全距离，就可以卸下防备。

赞美可以脱口而出，批评则要三思而后言。无论从慎言的角度还是理性的角度，我们都要学会三思而后言。所谓三思而后言，就是“迟言”，忍十秒再说，想想说这些话会有什么后果。如果条件允许，也可将口语表达改为书面表达，比如发短信、微信、邮件，趁打字的时间思考，不要急于发出信息。发出前再思量一下有没有过激之处，想好了再发出去。

最后，赠大家一首宋代慈受怀深禅师的诗偈：

莫说他人短与长，说来说去自招殃。
若能闭口深藏舌，便是修行第一方。

修积一张“禅定”的嘴

桃李不言，下自成蹊。一个人如果真的好，无需多言，他人自然会给予恰当的评价，根本无需去贬低他人、抬高自己。静坐常思己过，闲谈莫论人非，这就是佛门提倡的戒律，也是做人的美德。少批评、多赞美，是避免口业的好方法。

人的舌头虽小，但造的业很深，口业为“患苦之门，祸累之始”。正因口业重如山，所以不妄语是佛教基本戒律之一。我们学佛修行，说话做事都要三思而后行，切勿颠倒是非知见，应依佛法修正自己偏差的知见和行为，自利后而乐于真诚地去利人。

在佛门，对于刚出家的弟子，师父一般都会告诫，出家人头几年要少说话，内心要静。这实际上是训练止语，所谓止语，就是训练控制语言的能力。每天晚上睡前要反省一下今天说了哪些话，哪些话合适，哪些话不合适。

我们在日常生活当中，对一切人、一切事、一切物，是不是都做到了不妄语、不两舌、不恶口、不绮语呢？

凡夫喜欢说闲话、聊八卦是非，其实是由于内心贪、嗔、痴、慢的习气太重，不说话就难受，总要找话题来过嘴瘾。太喜欢说话的人其实是心不在道的，真正的修行人，善护身、口、意，定会珍惜光阴，把精力用在听经、讲经、看书、念佛、拜佛上面。

现在网络如此发达，造口业太方便了，恶口、两舌、绮语、妄语，很多人已经养成习惯了，只要拿出手机，微信朋友圈一发，八卦和负面语言立马传播出去。这种所谓的“分享”，实际上放大了你所造的口业。

佛曰，一切众生之生死轮回，皆由于身、口、意三业所致，若消除此三业，可速得解脱。止语的目的，就是要减少口业。

培养止语的定力，要训练自己有一张“禅定”的嘴。心心念念观照嘴中呼之欲出的话语，坚持说正面的语言，过滤掉那些负面的语言。禁声静心，让自己的心定，妄想消失的时候，智慧就会回来。

当年佛祖拈花，迦叶微笑，言语道断，以心印心，当下相契。懂得沉默，才能体悟空性的智慧。所谓止语，并非只是语言的止息，而是内心的无念无住，回归更深的觉醒与自在。

人这一辈子，用两年的时间学会了说话，却往往要花上一生的时间来学会闭嘴。庄子说：“天地有大美而不言，四时有明法而不议，万物有成理而不说。”无休止的吵嚷扰乱了世界的宁静，污染的是环境，沾染的是心灵。唯有止语，方能营造一个宁静的世界，让我们感悟天地之广博，反躬自省。

最后，赠大家《诗经 · 大雅》中的几句诗：

慎尔出话，敬尔威仪，无不柔嘉。白圭之玷，尚可磨也；斯言之玷，不可为也！

不快乐，是因为太聪明

第十一章

这些毛病，一定要改改了

抱怨的人，损的是自己的福报

美国知名牧师威尔·鲍温曾发起一项“不抱怨”活动，邀请每位参加者戴上一个特制的紫手环，只要一察觉自己在抱怨，就将手环换到另一只手上，依此类推，直到这个手环能持续戴在同一只手上 21 天为止。

调查指出，参加该活动者，可能要花好几个月的时间，才能达到连续 21 天不换手、不抱怨的目标，平均的成功时间是 4 ~ 8 个月。活动规定，被说出口的抱怨才算数，如果是心里想的，则没有关系。很多参与者表示，坚持到一定时候，就连抱怨的想法也消失殆尽。

不到一年，全世界就有 80 个国家、600 万人参与了这项活动，为自己创造不抱怨的生活，让这个世界充满平静喜乐、活力四射的正能量。

当我们抱怨时，所想到的都是负面、灰暗的事物，目的无非是获得周围人的同情、获得心理满足或者推卸责任，但实际上，抱怨是在召唤我们不想要的负能量。如果我们停止抱怨，总是从正面来看待问题，事情就会向健康、有利的方向转化。

有位在家居士，接触佛法以前，牢骚不断，最爱抱怨。抱怨父母没有为他安排一份体面的工作，抱怨工作环境闭塞没有社交，抱怨亲友瞧不起他、不帮助他。

这位居士在弘法寺皈依后，在佛法的熏习下，渐渐体会到了“以心转境，借境修忍辱”的道理，开始时刻观照自心，不再“心猿意马”去攀比外部环境，不再因为“我想要什么”“他人该给我什么”这类念头而生嗔怒。如此一来，这位居士放下了心理包袱，由于心念的转变，外在的环境也跟着变了，他跟父母、亲友的关系变得融洽起来。后来，他得到了亲友的帮助，顺利找到了一份满意的工作。

常常抱怨的人，实际上是在损害自己的福报。不管是自怨自怜，还是抱怨他人，在佛门都被称为恶口，因嗔心所致。抱怨别人，内心会越来越阴暗；内心阴暗，就会坏事不断，好事无缘。

如果你觉得日子不顺心，那么所有发生的事都会让你感到倒霉；相反，你觉得今天是幸运的一天，那么每次遇到的人都可能是你的贵人。

远离抱怨，你会看到曾经忽视的风景，家人、朋友、生活，原来一切都是美好的，只因自己曾经被抱怨的迷雾遮住了双眼。

最后，摘一段清代金缨《格言联璧》中的警句赠予大家：

天薄我以福，吾厚吾德以迓之。

天劳我以形，吾逸吾心以补之。

天危我以遇，吾享吾道以通之。

天苦我以境，吾乐吾神以畅之。

抱怨是弱者的标签

威尔·鲍温在《不抱怨的世界》中说：“我们抱怨，是为了获取同情心和注意力，以及避免去做我们不敢做的事。然而这个世界存在‘吸引力法则’，你如果大声喊痛，伤害就会出现；你如果抱怨，就会遇上更多抱怨的事。”

人生在世有太多事情可以抱怨：工作忙，物价涨，家庭压力大，生活环境差，或是感冒、发烧、头疼，都要抱怨一番，怨天怨地，怨社会不公，怨人心不古，怨金钱至上，怨自己命如纸薄……似乎能借此发泄不满，并获得他人理解同情。但是抱怨过后，于事无补，问题仍在，倒是徒添了几分抑郁，庸人自扰。

人们只看到了生活中缺憾与不完美的一面。当现实与理想有差距时，当事情背离自己的价值观时，抱怨便应运而生，工作、家庭、学习、交通往往都是抱怨的对象。抱怨就像脚气病，它会传染，习惯性的抱怨不仅会让自己陷入低沉的情绪中，还会把负能量散播给周围的人。

在不可改变的命运与人生境遇的恶变面前，与其埋怨不公，不如淡然面对。淡然面对不公，首先得学会淡然看待他人的“得意”。

如果说社会各个阶层的组合是一座金字塔，那么自然有人高居塔顶，有人屈居于塔底。如果我们一定要用对塔顶之人的仰慕、艳羡、妒忌来折磨自己的心灵，我们除了自卑与压抑之外，将一无所获；如果我们能够安于自己所处的位置，随喜别人，勤造善业，积累福报，一步一步踏实前进，也许有一天我们也可以登上塔顶。

这个世界，有目标的人在感恩，没目标的人在抱怨；有目标的人睡不着，没目标的人睡不醒，因为不知道起来去干什么。做人是一场修行，跌倒了要学会自己爬起来，受伤了要学会自己疗伤。凡事多找方法，少找借口，强者不是没有眼泪，而是含着眼泪在奔跑。

任何不顺心都是一种修炼，在面对自己与他人的境遇时，要保持一种平衡心态，唯有心态平衡，才能使自身发展。

要平衡心态，就要懂得知足、感恩和惜福。快乐的根本便是惜福，珍惜拥有的一切，心里、手里全是满满的，便腾不出手或心来攫取更奢侈的东西了，也就不会为得不到而抱怨。

如果感到自己很辛苦，忍不住想抱怨，那么告诉自己，容易走的都是下坡路，坚持住，因为你正在走上坡路。

最后，赠大家一首唐代永明延寿大师的《山居诗》：

万事从来只自招，巡危由己路非遥。
笙歌韵裹花先落，松桧枝闲云未消。
数下磬声孤月夜，一炉香爇白云朝。
谁人会我高楼意，门掩空庭思寂寥。

别总想着改变别人

在英国斯威敏斯特教堂地下室里，一位英国圣公会主教的墓碑上写着这样一段话：

当我年轻自由的时候，我的想象力没有任何局限，我梦想改变这个世界。当我渐渐成熟明智的时候，我发现这个世界是不可能改变的，于是我将眼光放得短浅了一些，那就只改变我的国家吧！但是我的国家似乎也是我无法改变的。

当我到了迟暮之年，抱着最后一丝希望，我决定只改变我的家庭、我亲近的人，但是，唉！他们根本不接受改变。

现在临终之际，我才突然意识到：如果起初我只改变自己，接着我就可以依次改变我的家人。然后，在他们的激发和鼓励下，我也许就能改变我的国家。再接下来，谁又知道呢，也许我连整个世界都可以改变。

大千世界，唯有人最难改变。每个人的生活，每个人的决定，都是自己的。所以，不要老想着改变他人。当你明白，一生中最重要的事是如何改变自己时，你和外界的关系才会真正有所改变。

俗话说，江山易改，禀性难移。当然，禀性难移，也不是说不可以移。一般来说，有两种情况可能会改变一个人：一是经历了重大的人生变故；二是因为固执己见而连续碰壁。

人虽不容易被改变，但容易被影响。有时，你无意间的行为和语言，就可能会在他人的心中引发触动和变化，久而之久，双方的共同性就会有所增加。举个例子，你对刚剪的发型不满意，你的朋友安慰道："没事儿，挺好看的。"再比如，你觉得自己一事无成，郁郁寡欢，此时有朋友罗列出你以前干过的出彩的事儿，你就会感觉舒心了许多。

所以，我们与人接触，应敞开心扉，接受他人，与其共进退，看看别人的生活究竟出了什么问题，需要宽慰还是鼓励。切勿不在意他人的想法，总用自己的思维定式和处事标准去衡量别人。

人与人之间，最重要的不是你我相同、相似，而是你我互相理解、互相体谅、互相包容。

最后，赠大家一首苏东坡的禅诗：

有主还须更有宾，不如无境自无尘。
只从半夜安心后，失却当前觉痛人。

家中就有两尊佛

某青少年心理研究机构公布的一项“青少年与父母关系”的调查报告显示：45% 以上的青少年存在不同程度的不听父母话、对父母的言行看不惯、对父母的管教听不进去，甚至和父母对着干的问题。这极大地影响了家庭关系的和谐。

《弟子规》中说：“父母教，须敬听。”父母在教诲我们的时候，我们要恭恭敬敬地去领受。古代的君子是“一言九鼎”，而现在的孩子大多是“一言九顶”，这个“顶”是顶撞的顶，就是对父母没有恭敬之心。孩子为什么会“一言九顶”？因为现在的很多家长对自己的父母也缺乏恭敬心，常常顶嘴，言传身教中给孩子造成了不良影响。

很多人说，父母对我的批评，很多都不是事实，所以我要解释一下。父母在教训我们的时候，情绪有时比较激烈，你再回嘴辩驳，只会让情况越来越糟，所以此时应该静静聆听。即使父母错怪你了，你还是要忍下来，等父母情绪稳定了，再去耐心解释也不迟。

地藏菩萨说，人间第一重罪就是不孝顺父母。你想想，父母你都不孝敬，父母你都轻贱，还有哪一个众生你不轻贱？佛家有一句话：你要贵，就不能轻贱他人；你想富，就不能生气怨恨。

我观察很多人生不如意的人，身上都有一股戾气。别人做事就是顺，他来做就问题百出。这股戾气，一般都是因为从小顶撞父母造成的。它会让生活、事业、爱情般般都不如意，受尽各种痛苦折磨。那么，怎样消除这种戾气呢？

“戾”就是“逆”，“逆”的反义词就是“顺”。要消掉戾气，必须要从顺父母、敬长辈、尊上司、礼平辈开始。如果一个人不顺亲长，他身上的戾气就永远消不掉。

所以，我们要毕恭毕敬地对父母，让父母高兴喜悦，有好东西要想着先让父母享用。财不要抱得那么紧，不要找借口说老婆、孩子、房子需要钱，你这个样子，以后你老了，你的孩子会同样对待你，连借口都和你一样，这叫“父形子肖”。

孝顺父母生出的气蕴，是天地间至贵至珍的最强气蕴，养得住一切福德，镇得住生活中各种不顺和烦恼。父母好比两大福德山，孝顺父母能镇一切恶（不顺）；父母又好比两大福德海，孝顺父母能济一切渴（匮乏）。

最后，赠大家一首弥勒菩萨的《劝孝偈》：

堂上有佛二尊，恼恨世人不识。
不用金彩装成，非是栴檀雕刻。
即今现在双亲，就是释迦弥陀。
若能诚敬事他，何须别求功德。
不因父母所生，且导你身何得？
何必灵山烧甚香，只须堂上敬爹娘。
晨昏菽水随时奉，足保儿孙世代芳。

我们都需要为冷漠付费

1935年，时任纽约市长的拉瓜地亚在一个穷人居住区的法庭上旁听一桩盗窃案的审理，被控罪犯是一位老妇人，被控罪名为偷窃面包。

面对法官，老妇人可怜兮兮地说："我需要面包来喂养我那三个饿着肚子的孙子，他们已经两天没吃到任何东西了……"但法官冷若冰霜地回答："我必须秉公办事，你有两个选择，一个是罚款10美元，另一个是接受10天的拘役。"

老妇人为难地说："法官大人，我犯了法，愿意接受处罚。但如果我有10美元，我就不会去偷面包。我愿意被拘役10天，可我那三个小孙子谁来照顾呢？"

这时候，拉瓜地亚从席间站起身来，摘下帽子，往里面放进10美元，然后对旁听席上的其他人说："各位，我是现任纽约市市长拉瓜地亚，现在，请诸位每人交50美分的罚金，这是为我们的冷漠付费，以处罚我们生活在一个需要老祖母去偷面包来喂养孙子的城市。"那一刻，所有的旁听者都默默起立，每个人都严肃地拿出了50美分，放到市长的帽子里，连法官也不例外。

老话说："各人自扫门前雪，休管他人瓦上霜。"从小到大，家人都会劝告我们少管闲事，多一事不如少一事。这几乎已成为时下一种趋势，体现在诸如看到老人摔倒到底要不要扶等问题上。慢慢发展下去，就变成了你不管别人的闲事，别人也不管你的闲事，没有互帮互助的愿行，大家都很冷漠。

话说这闲事，有时还真得管。你不管、他不管，任其泛滥，到最后大家都得为冷漠产生的社会恶果付出代价。

菩萨戒要求我们断一切恶、修一切善、度一切众生，对众生不能不管不顾。如果管的都是正当的“闲事”，不妨当作行菩萨道。如果是基于自私自利，那就好好忏悔，恒顺众生。

也许我们都做过吃力不讨好的事情，正确的心态是，在自己的能力范围内，觉得应该帮助的就要尽力帮助，至于得到的是感恩还是埋怨，那是对方的事。

佛法中有完美的奉献教育和戒律教育，那就是无缘大慈、同体大悲的慈悲精神与断除“十不善”（不杀生、不偷盗、不邪淫、不恶口、不两舌、不绮语、不妄语、不贪、不嗔、不痴）的戒行基础教育。所以，佛教徒应当勇于做社会良好风尚的树立者与传播者，以自己的言行无私奉献社会，创造世风日上的美好人间。

修行无闲事，事事是修行。岂可因浅勿种，任其自枯；因钝弗磨，置之无用？勿言一念轻微，勿谓虚愿无益，心真则事实，愿广则行深。

最后，摘些《增广贤文》中的警句赠予大家：

一毫之恶，劝人莫作。

一毫之善，与人方便。

亏人是祸，饶人是福。

天眼恢恢，报应甚速。

在这个颜值当道的时代

在古罗马时代，有一位公主遇到了一位相貌丑陋但博学多才的学者。傲慢的公主当众奚落他说："在相貌丑陋之人的脑袋里，怎么可能有了不起的智慧呢？"

学者受到羞辱之后，不但没有恼怒，反而不卑不亢地与公主唠起了家常："尊敬的公主，王宫里一定有很多上等的美酒吧？请问那些美酒装在什么容器里？"

公主毫不犹豫地回答："都装在大坛子里。"学者故作惊讶地问："贵为罗马帝国的公主，为何不以富丽堂皇的金器、银器盛酒，反而以粗陋的坛子装酒呢？"公主觉得很有道理，便令宫中仆人立刻改用金器、银器来装酒。

几个月之后，皇帝举行国宴时突然发现，那些珍藏多年的美酒竟然变得索然无味了。皇帝勃然大怒，下令追查。公主此刻才恍然大悟，她派人将学者找来质问："你为什么让我用金器、银器来装酒呢？"学者笑道："我只是想通过此事让你明白，就像粗陋的坛子能保存美酒一样，世界上有许多珍奇贵重的东西，必须装在貌似普通的容器中才能保存其独特的价值。"

我们大多数人都反对以貌取人，但不可否认的是，我们又总是不知不觉地掉入以貌取人的陷阱。在时下这个看脸的社会，不得不承认，颜值高的人确实更有优势。

常听一些居士说，某某人的脸色又白又亮，说明他修得好；某某人的脸色发黑，说明他业障现前，修得不好，因为相随心转。如果一个学佛的人故意用外表的打扮来假装自己修得好，这是愚痴颠倒的表现。看到“相随心转”这四个字，我们应注重的是“心”。若是有持戒的心，外表就是持戒之相；若是有慈悲的心，外表就是利益众生之相；若是有是非人我的心，外表就是是非人我之相。相不仅是指面相，也包括言语、行为的相。佛曰：“莫取其身相，而生轻慢心。”心地清净，才是真正的清净；心地污秽，徒有光鲜的外表，金玉其外，败絮其内，不值得尊贵。

在《四库全书》中，关于面相的内容有这样的论述：“七尺之躯不如七寸之面，七寸之面不如三寸之鼻，三寸之鼻不如一点之心。”“未相人之相，先听人之声；未听人之声，先察人之行；未察人之行，先观人之心。”

所谓相由心生，是让我们去分析、观察、研究自己的内心、生命、精神世界，从而不执着于一切“相”。一个人是否庄严、是否具有亲和力，不在于外相的美丑与外表的装饰，而在于内心是否良善、纯净。世间最庄严、最良善可亲的人，莫过于心怀智慧、三业清净、敬信因果、处处能为人着想、广行善道之人。

心不攀缘外相，意勿沾染色尘，放下分别心，烦恼自然无。

最后，赠大家一段《大庄严论经》中的警句：

释迦和合众，是名第三宝，于诸大众中，勿以貌取人。

不可以种族，威仪巧言说，未测其内德，睹形生宗仰。

观形虽幼弱，聪慧有高德，不知内心行，乃更生轻蔑。

弘法寺 · 万佛殿

世諸佛依般若波羅蜜多故
得阿耨多羅三藐三菩提故
知般若波羅蜜多是大神咒
是大明咒是無上咒是無等
等咒能除一切苦真實不虛
故說般若波羅蜜多咒即說
咒曰
揭諦揭諦 波羅揭諦
波羅僧揭諦 菩提薩婆訶
癸巳十月
葉選平敬錄

弘法寺 · 心经墙

给强迫症开一剂药方

元代著名画家倪瓒爱洁成癖。据说，他的厕所是一座空中楼阁，用香木搭好格子，下面填土，中间铺着洁白的鹅毛，“凡便下，则鹅毛起覆之，不闻有秽气也”。倪瓒的文房四宝有两个仆人专门负责擦洗，院里的梧桐树也要命人每日早晚挑水揩洗干净。

一日，倪瓒的一个好朋友来访，夜宿家中。因怕朋友不干净，一夜之间，倪瓒竟亲自起来视察三四次。忽听朋友咳嗽一声，于是担心得一宿未眠。及至天亮，他便命仆人寻找朋友吐的痰在哪儿。仆人找遍每个角落也没见痰迹，为了避免被主人责骂，只好找了一片稍微有点儿脏迹的树叶，送到他面前，说痰就在这里了。倪瓒斜睨了一眼，便厌恶地闭上眼睛，捂住鼻子，叫仆人拿到三里外丢掉。

倪瓒的洁癖和孤高，给自己带来了很多麻烦，让他失去了很多朋友，无端制造了很多敌人。关于他的死因，有两种版本：一说是临终前患痢疾，秽不可近；一说是被朱元璋扔进粪池淹死的。

倪瓒的洁癖，其实就是今人所说的强迫症。所谓强迫，其实是一种习惯，比如每天健身、刷微信、打麻将……这些爱好一旦形成固定模式后，一天不做就周身不自在。中断习惯所带来的不自在，就是一种心理障碍。

正常人和强迫症患者皆有心障，差别在于执着的程度不同。正常人在心障产生时能压制欲望，暂时放下执着；强迫症患者则无法接受心障所带来的烦恼，克制不了强烈矛盾的内心冲动而导致病态。

风动？幡动？心动！心有所想，才有所行。整天想着肮脏，你就会一洗再洗；满脑子想着被人加害，你就会极度谨慎、处处防备；事事追求完美，你就会反复品尝无情的挫折和失败后的悲观……整天担心着一个问题，你的生活本身就是个问题。

禅宗六祖慧能大师说："菩提本无树，明镜亦非台。本来无一物，何处惹尘埃？"我们可以将头脑看作是明镜台，一切强迫的念头就是那些尘埃。人转境为智，境转人为愚。做人，不要执拗于某种境地而惴惴不安，放下执着，适时随心，未尝不是缓解强迫症的药方。

有位居士做物流生意，亏了上千万，终日看不开，借酒浇愁，积郁成疾，最后患上了肝癌。另一位居士，也是做生意亏了上千万，但有位高僧大德告诉他，这是你前世欠下的，今生要还的，于是这位居士便看开了，就跟丢掉了负债、扔掉了包袱一样。

任何心病，都要学会放下，才能痊愈。首先要接纳自己的想法，接纳自己为此而产生的烦恼，不要去怪责、痛恨自己为什么做不到。正如倪瓒厌恶肮脏，越厌恶就越想尽力压制、扫除，实则陷入病态的怪圈。人心就是这样，你越压制，它越对抗；你越想纠正，它越如影随形。相反，当你无意中把它忘掉，或者学会欣赏、接纳它，不再把它时时挂在心头，它便从你身上消失了。

卖掉你的贫穷

在释迦牟尼佛轶事中有一个“无财七施”的故事：

一个穷人跑到释迦牟尼佛面前哭诉：“我无论做什么事都不成功，这是为什么？”

佛陀说：“这是因为你没有学会布施他人。”

“可我是一个一无所有的穷光蛋呀！”

佛陀说：“并非如此，一个人即使没有钱，也可以布施别人七样东西：一、颜施：用微笑与别人相处；二、言施：对别人多说鼓励的话、安慰的话、称赞的话、谦让的话；三、心施：敞开心扉，对人诚恳；四、眼施：以善意的眼光去看别人；五、身施：以行动去帮助别人；六、座施：乘船坐车时，将自己的座位让给老弱妇孺；七、房施：将自己的空房子让出来，供旅人休息。如果能践行此七项布施，生命也会随之改变。”

在佛教中，布施是一个重要的概念，能使人远离贪心、招来幸福的果报。它是六念中的念施、四摄法中的布施摄、六波罗蜜中的布施波罗蜜。

布施对佛弟子来说，是一件功德无量的事。许多人都认为行布施最好的方法就是金钱布施。的确，如今的很多事都以金钱挂帅，布施金钱无可厚非，但对于那些身无分文的穷人而言，财布施却是勉为其难。

佛说人有二十难，第一是“贫穷布施难”。顺者易，逆者难。在顺境中想做什么，都可以依照自己的心意，有钱人发心行布施，立马可成；但情况若相反，则困难重重。

我们学佛，就是要冲破逆境，突破心内与心外的诸多障碍。只要不让凡夫心的贪念迷失自己，即使身处贫穷困境，想布施也并不难。有很多清寒人家，他们立志行善，也和富有的人一样乐于布施，同样能积累功德。除了物质金钱，身体力行的奉献也是布施。

这里给大家讲一个穷人“卖贫买富”的故事：释迦牟尼佛的弟子嘎达雅那尊者在去舍卫国的途中，见到一个女人手持水瓶坐在河边大哭。尊者问她为何如此伤心，她说：“我是一个苦命的穷人，每天都饿肚子，实在是不想活了！”

尊者开导她说：“不要伤心，你可以把贫穷卖掉啊。”女人惊道：“胡说！有什么人肯买贫穷？”尊者回答：“卖给我吧，我肯买！”尊者随即开示：“穷人所以贫穷，是前生没有布施；富人之所以富贵，是前生广行布施。因此，布施是卖贫买富的最好方法！”女人说：“你说得不错。不过我一无所有，手中的水瓶也是主人的，你叫我如何布施呢？”

尊者把自己随身携带的钵递给女人，说：“布施，不一定要有钱。你看见别人布施，自己内心随喜，也可以得到布施的利益。现在，你用此钵盛水给我，作为你对我的布施吧。”女人此刻才真正明白布施的意义，当即依教奉行。

无论贫富，我们都要发起真正的布施心。越是贫穷，越要布施。无求的布施，端严高贵，令人感恩；无悔的布施，身心光明，令人赞美。

延迟满足，是成功的基因

20 世纪 60 年代，美国斯坦福大学心理学教授沃尔特 · 米歇尔为了研究意志力在人一生中的作用，设计了一个“延迟满足”的实验。

实验者发给 4 岁大的被试儿童每人一颗好吃的软糖，同时告诉孩子们：如果马上吃，只能吃一颗；如果等 20 分钟后吃，就再给一颗。

有的孩子急不可待，马上把糖吃掉了；而另一些孩子则耐住性子、闭上眼睛或头枕双臂作睡觉状，也有的孩子用自言自语或唱歌来转移注意力，克制自己的欲望，从而获得了另一颗软糖。

研究人员在此后进行了跟踪观察，发现那些以坚韧毅力获得两颗软糖的孩子，在上学时表现出较强的适应性、自信心和独立自主精神；而那些经不住软糖诱惑的孩子则往往屈服于压力而逃避挑战。在后来几十年的跟踪观察中，也证明那些有耐心等待吃两颗软糖的孩子，事业上更容易获得成功。

无法抵制诱惑，是我们诸多烦恼、痛苦的根源之一。一个人的成就有多大，跟他能在多大程度上推迟欲望的满足是成正比的。人的天性中都有惰性，能够克服惰性和近在咫尺的欲望，才能成为自己的主人。

上述实验中，米歇尔教授阐述了何谓“延迟满足”，这是一种在等待中进行自我控制的能力。实验也证明，有自我控制意识的孩子更有耐性，从而更擅长推迟享受。

很多时候，“有求必应”其实是一种“爱心毒药”，特别是对于孩子而言。

一个学生喜欢打游戏，是因为他觉得学习单调乏味，而游戏刺激有趣；一个赌徒把钱用来赌博，是因为他想挣快钱，而不愿靠劳动慢慢积累；一个人上班做事“磨洋工”，是因为他觉得这样轻松舒适，提高效率会让他觉得痛苦……

诱惑之所以能引诱人们，是因为它们都能方便、直接地带来快乐和享受，所以人们迫不及待地想得到它；而相比之下，学习、工作都是苦的。一边是唾手可得的快乐，另一边是显而易见的痛苦，这时，缺乏意志力的人自然会选择享乐。

有因必有果，人们曾经为了一时的享乐而懒得去做的事情，生活会一件一件讨还回来。比如，懒得学习，学历低，求职难；懒得运动，身体发胖，一身富贵病；懒得分担家务，家庭很难和睦。你曾经偷过的懒，未来生活都会给你打脸。

一个人如果能看到长远价值，牺牲部分的短期利益，延迟一下再满足，生活中的很多困扰便会迎刃而解。能控制自己及时享乐的欲望，就是一种高级的自律。

最后，赠大家一首唐代龙山禅师的偈颂：

三间茅屋从来住，一道神光万境闲。

莫作是非来辩我，浮世穿凿不相关。

请带着微笑回家，好吗？

有一个家庭，母亲正在为孩子上大学的学费发愁时，父亲回家时却笑着说：“我下岗了。”

父亲出去找工作总是碰壁，但每天回家，他都笑着说：“差不多了。”

父亲做工时受了伤，回家依然笑嘻嘻地说：“没事，没事。”

最终，一家人靠着父亲风里来雨里去蹬着三轮车送货，攒齐了学费。

生活中，不少人下班都是拖着疲惫的双腿，带着僵硬的表情回家。在家里，很少甚至不愿意搭理家人，或者倒头睡去，或者匆匆坐在电脑前敲打着生硬的字符。

在外面，不论遇上谁，我们都尽量把微笑挂在脸上，笑中满是谦和与修养；可是回到家里，我们却将微笑隐藏，甚至把丑陋的一面留给最在乎自己的家人。

没有人会倒霉到连笑脸都担当不起。这个世界上从来不缺少幸福的家庭，缺少的是不懂进门艺术的家人。如果人们都像故事中爱笑的父亲一样，扛住外面的风雨，无论发生什么，都带着微笑走进家门，那么消极情绪在进门时就被截断了，带回家中的是一片平和与温馨。这才是你对家人的爱与责任。

人一旦有了笑容，愤怒的、抱怨的、忧愁的话常常就说不出口了。即便是糟糕的消息，脸上的笑容也会让家人觉得“这不是什么要命的难题”，反而会往积极的方向去想。

微笑的好处数不清，它能改变人们的心情，增加吸引力，传播快乐，让更多的人靠近彼此；微笑也让人保持积极心态，看上去更自信。

因弘法之需，我到过世界许多国家，各国人民的礼仪和打招呼方式都充满了友善，代表着他们乐观向上的人生价值观，比如东南亚人的好客、拉丁人的热情、西欧人的优雅等等。微笑是一种国际共通的语言，不需要翻译，不需要细想，它不仅传递着善意和美好，更是一种获得对方接纳和开启沟通之门的有效手段。对人微笑，传递的是温暖、亲切、美好，人与人之间的距离一下就缩短了，如阳光温暖我们的心扉。

恶传染恶，善传染善。你的笑容就是你善意的信使，它能照亮所有看到它的人，冰释生活中的误会和烦恼，让家人更亲近彼此。脸上挂着大大的微笑，幸福与福报自然来敲门。

家庭就好比是一个“感情银行”，你把欢乐存进去，收获的是带利息的快乐；你把烦恼存进去，回报的自然是更多的烦恼。

请带着微笑回家，好吗?

最后，赠大家一首宋代云门文偃禅师的诗偈：

道人一样平怀处，日日是好日。
不断浇沃般若水，处处开莲华。

不快乐，是因为太聪明

第十二章

这样才能活到一百岁

12

治疗失眠，首先要根除心病

美国心理学专家亨利·林克博士曾和许多抑郁、颓废的人打过交道。在《人的再发现》一书中，他谈到自己曾对一个因失眠症而一心想自杀的人说：“反正你是要自杀的，那你至少也要像个英雄，绕着这条街跑到累死为止吧！”

这个人果然去试了，每天都绕着街道狂奔，但每次狂奔都令他觉得身心舒坦了些。到了第三天晚上，他由于身体极度疲劳，睡得很香很沉。醒来后，他加入了一个体育俱乐部，每天运动，不久便克服了失眠症，也不再有自杀的念头了。

失眠是一种心病，它就像狗皮膏药一样如影随形，甩都甩不掉，越睡不着就越刻意想睡，越刻意想睡就越睡不着。这种恶性循环，事实上是你的身体在闹情绪，它表示你最近比较烦，或是告诉你压力过大。这时，不要刻意与失眠“对峙”，应顺其自然，放空心情，慢慢就会平静下来。

有位年轻人经常晚归，吵得楼下的老人睡不着。有一天，小伙扔了一只靴子，怕楼下的老人责怪，就没有扔第二只，结果楼下的老人一直想着这第二只靴子什么时候落下来，一宿没睡着。这虽是个笑话，却揭示了失眠的病根——魔由心生。

失眠的人，他的心时刻都处在焦灼状态。白天因工作学习忙，没时间寻思的问题，到了夜深人静之时，便在脑海中浮现，跟过电影一样，浮想联翩：担心明天要面对的工作挑战，憧憬不久后的旅游行程细节，或是幻想彩票中奖……这时，失眠患者往往会中断自己的想法，下意识地强迫自己入睡，但过不了多久，脑海中自然又浮现出了那些没想完的事。

对此，我给大家提个建议：不要强迫自己入睡，有什么没想明白的事，参透、想完它。不要怕睡不着，你睡不着的原因就是你太想睡着，你睡不好的原因也是你太想睡好，这是一种心有挂碍而产生的执着，只有接受它，才能放下它。控制失眠就跟拍皮球一样，越用力拍，它蹦得越高，如果不去拍它，它反而蹦不起来。

控制失眠，讲究由身及心，由心传身。我们修行者睡觉前会让自己的身放松、心放空。睡前先在床上静坐一会儿，让气运畅通、心无杂念。另外，出家人特别注重清静，睡前还要保证房间内外没有嘈杂之声，保持安静的氛围。由此而生的深度睡眠，一小时能顶好几小时，睡眠重在质量，并不只看睡觉时间。

有弟子问大珠慧海禅师："师父，你究竟有何与众不同，活得如此自在？"慧海禅师答："饿了端起饭碗就吃，困了躺下就睡。"弟子道："似乎每个人都是这样呀。"慧海禅师笑言："这可大不相同，一般人吃饭时挑肥拣瘦，百般计较；睡觉时胡思乱想，寻思算计，以致夜不能寐。这能一样吗？"

最后，送大家一首南宋诗人陆游的《午梦》：

苦爱幽窗午梦长，此中与世暂相忘。
华山处士如容见，不觅仙方觅睡方。

记人之善，忘人之过

《列子 · 周穆王》中有这样一个故事：

宋国有个叫华子的人患了遗忘症，朝取而夕忘，夕与而朝忘，在途则忘行，在室则忘坐，今不识先，后不识今，荡荡然不觉天地之有无。后来，一位高明的医生为华子治好了病，使其把平生数十年的存亡得失、哀乐好恶都回忆了起来，回到了现实的人生中。但无奈华子又记得太牢，忧忧万绪，须臾不忘，以致怒而黜妻罚子，操戈逐人，弄得鸡犬不宁。

生活中，我们应当记住经验，记住关怀，记住友谊，记住善缘。但生活也需要善忘，不善忘，则被名利缠身，被是非所累，被琐屑所困，会背上沉重的思想包袱，很累很辛苦。

无法忘记过去不幸伤痛的人，往往会连今天的幸福也失去；无法忘却昨天的人，往往会连今天都把握不住。快乐之道无他，就是自己力所不及的事不要去忧虑。善忘能使人更坦然、更恬淡地面对生活，从而永葆愉悦健康的身心。

“记人之善，忘人之过”，对于当今社会的人们来说，很有现实意义。

生活中总有些人，眼睛爱盯在别人的过失和短处上，看不见别人的善行和长处，总觉得自己鹤立鸡群，比他人高出一大截，自觉或不自觉地拿自己的优点、长处与别人的缺点比，比来比去，就感到领导和同事对自己不够重视，不予重用，多有亏待，于是心生不满，满腹牢骚。这样看问题的结果，不仅影响了工作和人际关系，也影响了自己的身心健康。

我国古代许多有识之士都是提倡善忘之人。明代的《霞外杂俎》中记载：东谷居士敖英泊舟在长江瞿塘峡口，于山中遇一老翁，见其癯然山泽之姿，似有仙骨。问其养生之要，被告知："吾每日只服一剂快活无忧散，或遇事不如意，则服一剂和气汤。""和气汤"专治怒气、怨气、不平之气。其所用药物：先用一个"忍"字，后用一个"忘"字。制作和服用方法：把"忍""忘"二味药和匀，用不语唾液送下。此方先之以忍，可免一朝之忿也；继之以忘，可无终身之憾也！

善于忘却旧怨，就能保持心地清凉。善忘旧怨者因有善心，善心者方能善寿。

最后，赠大家一首明代养生家郑 的《坐忘铭》：

常默元气不伤，少思慧烛内光。不怒百神和畅，不恼心地清凉。
不求无谄无媚，不执可圆可方。不贪便是富贵，不苟何惧君王。
味绝灵泉自降，气定真息日长。触则形毙神游，想则梦离尸僵。
气漏形归垄上，念漏神趋死乡。心死方得神活，魄灭然后魂强。
博物难穷妙理，应化不离真常。至精潜于恍惚，大象混于渺茫。
道化有如物化，鬼神莫测行藏。不饮不食不寐，是谓真人坐忘。

天生暴脾气，是不是禀性难移?

临济宗高僧盘圭禅师某天接见一位访客，这位客人苦恼地说：“我天生脾气暴躁，动辄发怒生气，为此感到很困扰。”盘圭禅师好奇地看着他说：“是怎么一个天生法？不妨拿出来看看，我帮你改掉。”客人摇摇头说：“现在没有，只有遇到不如意的事情时，那天生的性急暴躁才会跑出来。”盘圭禅师告诉他：“如果现在没有，只是在某种情况下才发作，那就是你自己造就出来的，你却要把它说成是天生的，将过错推给父母，实在是太不公平了。”客人经此开示，终于醒悟，从此再也不轻易发脾气了。

心病了，处处寻药，却不知时间可以洗刷一切，而药不离自心。世间并没有所谓“天生”，大自然森罗万象，皆由因缘和合而生，也随因缘散尽而灭。人的本性包含善恶诸法，所谓“心生则种种法生，心灭则种种法灭”。任何人只要有心，没有什么改不了的恶习。

当我们患有口腔溃疡、肝火炽盛、心脏病、高血压之类病患时，医生会告诫我们，一定要保持良好心情，不要生气动怒。为什么？发怒时会损肝伤肺，气愤时会心律失常，使心脏受到邪气侵人，诱发疾病。

因此，一个人要想保持身心健康，乃至延年益寿，须戒骄戒躁，心平气和。在与人交往过程中，不能“来气”，以善心善念处之对之，才能自利利他。

真正有修养的人，一定心气平和。古人讲得好，“学问深时意气平”。无论什么样的忤逆在他面前，他都如如不动，从容、温和地对待。但凡有冲突争执，皆因双方的修养一般高，若一高一低，肯定吵不起来。为何？因为修养高的人能包容。只有两个人的修养和心境都在同一档次，才会出现火星撞地球的情况。

“上善若水任方圆”，说的是与人为善的魅力所在。与人为善者能像水一样溶解万物，能巧妙地化解人间恩仇，达到“相逢一笑泯恩仇”的境界。

与人为善，落实到实际生活中，不过是一些细碎的琐事，比如不与人争吵，选择忍让和宽容，平易近人；比如发扬尊老爱幼、诚实守信、宽以待人的传统美德；比如不去斤斤计较，助人为乐等。

如果生命总是局限在一个“我”字上，时时刻刻都想着自己的问题，那就很容易被外在的境界所伤害，带来许多痛苦和纠结。只有把生命扩大到更多人，才能淡化内心的痛苦，获得真正的快乐。

最后，送大家一首人生“十气歌”：

多读书养才气，慎言行养清气，
重情义养人气，能忍辱养志气，
温处事养和气，讲责任养贤气，
系苍生养底气，淡名利养正气，
不媚俗养骨气，敢作为养浩气。

怒者，心之奴；恕者，心如也

一位父亲正在洗车，儿子拿起小石头在车门上划起来。

父亲见此大怒，拿起扳手就打了下去。儿子被送到医院，手指骨折。

面对父亲，儿子轻声说道："爸爸，手指会好的，不要担心了。"

父亲内心无比自责，冲回家要把汽车给砸了。突然，他看见儿子划的痕迹是几个歪歪扭扭的字——爸爸，我爱你！

佛法曰："怒者，心之奴；恕者，心如也。"拆开"怒"字，上为"奴"，下为"心"，一个无法控制住怒气的人，就如同做了情绪的奴隶，时时处处都会给亲朋好友造成困扰。坏脾气就是心魔，你不控制它，它便吞噬你。

"恕"是什么呢？"恕"字拆开是"心"和"如"：恬静，安详，如水，是一种如如不动的状态，心若自如，就会无所羁绊、阻塞。

从佛法角度来看，人有三世因果。"欲知过去因，今生受者是；欲知未来果，今生作者是。"从因缘果报来看，"作者"即"受者"，因此，与其说是宽恕别人，实际上却是宽恕自己的无明，解除自己的烦恼与心结。

子贡问孔子："有没有一句话可以终身奉行呢？"孔子说："大概就是'恕'了，自己不想要的东西，不要强加给别人。"

无论是佛家的“恕”，还是儒家的“恕”，强调的都是内心的反省，将心比心，恕己及人。“人非圣贤，孰能无过。”每个人都会犯错，自己发生过错时，总希望别人可以原谅，再给自己一次机会，以改过向善。将心比心，我们也应该允许别人犯错误，用发展的眼光看别人，给对方一个重新开始的机会。

道理大家都懂，但怒火来袭时，要如何对治呢?

我经常会对爱发脾气的人开玩笑：“能不能把这次的脾气留到明天再发，或一周后再发，一个月后再发？”这叫“拖一拖”，过了这个时间点，不良情绪爆发的概率就很小了。

而要让心里根本生不起“怒”的念头，则须治根了。最好的方法就是发菩提心，将心从自私的桎梏中解放出来，以感恩之心去待人接物。训练自己发菩提心，会使得我们的心量越来越大。心性平和了，脾气自然会变好。

最后，送大家一首弥勒菩萨的《忍辱偈》：

是非憎爱世偏多，仔细思量奈我何。

宽却肚皮常忍辱，豁开心地任从他。

若逢知己须依分，纵遇冤家也共和。

若能了此心头事，自然证得六波罗。

把生病当成一场灵与肉的修行

《增一阿含经》中有这样一则故事：有一天，阿难尊者顶礼佛后，觉察到佛身体有恙。阿难尊者说："佛啊，您是天尊之体，为什么皮肉也会松弛老化，不如从前？"佛说："是的，阿难！凡是血肉之躯，都必定为病患所逼、为死亡所恼。我现在已是衰微之年，年近八十，这是自然现象，不足为奇啊。"阿难尊者听到这样的话，一时悲从中来，泪流哽咽，难过地说："唉！衰老的来临，为何竟至于此！"

接下来，佛开示大众说："世间人所爱敬的，是少壮之年、无有病痛、寿命与恩爱集聚，世人所不喜的是老、病、死与恩爱别离。然而在世间，这四件事是诸天、世人乃至转轮圣王与诸佛都无法避免的。不觉悟圣贤的戒定慧与解脱之道，便会在生死中轮回。因此，大家应当追求涅槃这种不生、不老、不病、不死之法，恩爱别离这些事情应当常念为无常。"

佛陀也会生病，更何况凡夫。生病是对人的一种警示，让我们知道人生无常，不知道什么时候病苦灾难便会来临，提醒我们要珍惜光阴，把握当下。

都说人生是场修行，修身修心。生活中需要修行的方方面面太多，有没有想过，我们最讨厌的生病也是一种修行？借病修行，借痛觉心，对修行人来说，疾病是种恩赐，而不是惩罚。

生病时，欲望会降到最低，贪、嗔、痴会被最大程度降伏，过去的攀比心、嫉妒心、造作心、嗔恨心也都在一定程度上减轻。而生病所带来的痛楚是一种觉性的显现，修行人可以借着疼痛的感觉观察自心，洞悉自我的虚妄和佛性的真知。

遇到一种障碍，能增加一种智慧；遇到一种违缘，能提升一个层次。

如果没有过去种的因，今天不可能生这种病。这些病本来就在身上存在，缘分成熟了，病就显现了，也可以说是业力现前了，所以生病的过程也可视为去病。如果这样转换心境，生病即是消业还债，亦是去病去魔，是好事。病魔来了，你可以利用这个机会，修自轻他重、自他相换的菩提心，希望自己能承担众生的病痛。通过这样的修法，能消业积福，还能提高自己的修行层次，也是好事。

另外，人在病中最能体察到亲情的可贵。在你生病卧床时，是伴侣在给你喂饭、擦身；儿女会特别听话，推着轮椅陪你散步，为你端茶递水。感受到这些暖暖的细节，生活中那些对家人的小抱怨是不是可以放下了？病重难受时，多想想家人的不离不弃，除了缓解苦痛之外，是不是懂得了何为感恩？

生病啊，真是场修行！调身之前必先养心，心养得平静安详了，身体才会好起来。

最后，赠大家一首苏轼的《病中游祖塔院》：

紫李黄瓜村路香，乌纱白葛道衣凉。
闭门野寺松阴转，攲枕风轩客梦长。
因病得闲殊不恶，安心是药更无方。
道人不惜阶前水，借与匏樽自在尝。

若波羅
密多故
心無罣
礙無罣
礙故無
有恐怖
遠離顛倒夢想究
世諸佛依般若波羅
得阿耨多羅三藐三
知般若波羅蜜多是
是大明咒是無上咒
等咒能除一切苦
故說般若波羅蜜多
咒曰
揭諦揭諦 波羅
波羅僧揭諦 菩
癸巳十月
葉選平
敬

般若波羅密多心經
觀自在菩薩行深
密多時照見五蘊
切苦厄舍利子色不
不異色色即是空
受想行識亦復如是
是諸法空相不生
不淨不增不減是故
色無受想行識無眼
身意無色聲香味觸法
界乃至無意識界無
無無明盡乃至無
老死盡
無苦集
滅道無
智亦無
得以無
所得故

养生不在养，而是要干活

著名国学大师文怀沙，1910年1月15日生于北京，2018年6月23日在日本辞世，享年108岁。2017年，107岁的他曾在专访中透露，自己的长寿秘诀是懂得真正爱自己，有感恩，有目标，有满足。

有研究表明，“目标感强”对健康有益，因为生活中是否有追求，决定了一个人的心态，进而决定其生理状况。

英国科学家在40～90岁的人群里做了一个7年的追踪调查，结果发现：没有明确生活目标的人，比有明确生活目标的人，病死或自杀的比率足足高了一倍；患心脑血管疾病的比率也高了一倍。

有相关的医学调查发现，人在退休后，因人生目标突然消失，身体健康和精神健康状况均会急剧下降。

原因是，如果你没有目标，死亡便成了唯一的“目标”，那么隐藏在你潜意识里的自毁机制就会悄然启动，让你的身体每况愈下。

如果有目标，就会有积极的心态，努力去寻找实现目标的途径，就会勤于用脑，从而保养了脑细胞，使大脑不过早衰老。

愁生于郁，解愁的方法在泄；郁生于静，求泄的方法在动。有目标，有愿望，就能动、能发展、能创造，便能顺从自然，享受劳动的快乐；万念俱灰，不动、不发展、不创造，便是摧残生命，背驰养生之道。

许多人退休后，衣食不愁，年轻时设定的那些人生目标已经完成得七七八八，只是，马放南山的那一刻，为了充实余生，你是否想过为自己订立新的目标？

退休后，万缘放下，正是一心向佛的好时候。古代的禅师多长寿，他们虽然衣食俭朴，医疗条件极差，甚至常年风餐露宿，但精神充实，禅悦充满，因而能尽享天年。近代高僧虚云长老便是一个苦行僧，一生坐禅，修庙不辍，他活了 120 岁。

我的师父本焕老和尚，在 100 岁时依然耳聪目明，行走便捷，时常奔走于全国各地建寺、传戒、讲经说法。他的高寿与养生之道跟他“不为自己求安乐，但愿众生得离苦”的悲愿是分不开的。

人生于世是来受报、还愿的，人生的意义在于奉献，自利利人，成己成人，增长福慧。这些目标和愿望的实现过程，会让人欢喜，进而愉悦身心，延年益寿。

最后，赠大家一首唐代诗僧拾得的诗偈：

自笑老夫筋力败，偏恋松岩爱独游。

可叹往年至今日，任运还同不系舟。

老骥伏枥，退而不休能忘忧

晋朝的陶侃将军，在平定了苏峻之乱以后，老来罢官闲居，无事可做，便去搬砖。

晨间，陶侃把一百块砖由屋里搬到屋外，暮间又把一百块砖由屋外搬到屋里。

人问其故，他说：“吾方致力中原，过尔优逸，恐不堪事。”意思是，我以前在中原打仗，现在却过着闲逸的生活，不这样做的话，以后再要打仗恐怕就很难胜任了。

陶侃又对众人说：“大禹圣人，乃惜寸阴，至于众人，当惜分阴。”

我们看陶侃搬砖，觉得很辛苦、无聊，其实对他而言，是个打发时间的好办法，充实了退休后的生活。

当一个人不知道自己生存在这个世界上的目的是什么的时候，就会感到空虚。

很多人日子一天一天过，好像就是为了把肚皮喂饱，让身体有地方住，满足了衣食住行所需，就觉得够了。可是当饭吃饱了，衣服有的穿，房子有的住了，日子过得虽然不是最好，但还过得去的时候，就会开始思索人生究竟还有什么要追求的呢？如果找不到方向和目标，心中茫然，空虚感自然会出现。

人生在世，不管是服务于公职单位，还是私营企业，都有退休的时候。退休后，有的人感觉好像忽然失去了一切，面对空荡的生活、寂寞的人生，百无聊赖，无所事事。就像等死一样，人生失去了价值，生命没有了光辉，所以有人喊出了“退而不休”的口号。

“天行健，君子以自强不息。”在大自然中，四季轮替，运转不息。我们身为自然界的一分子，也应该要有“做一日和尚，撞一日钟”的觉悟，因为人生的意义在于生产创造。

所谓退休，只是调换一个岗位工作而已。少年读书，青年创业，老人传承经验，也一样可以发挥生命的光和热。

假如你无心向佛，也不喜欢搬砖，那就多栽栽花木，谈谈笑笑，跑跑跳跳，也是好的。

最后，送大家一首唐代诗僧灵澈禅师的《东林寺酬韦丹刺史》：

年老心闲无外事，麻衣草座亦容身。
相逢尽道休官好，林下何曾见一人。

佛陀教你睡个好觉

一天，佛陀诵经完毕之后，洗干净双脚，回到自己房中，侧身而卧，双足相叠。

这时，魔王波旬变身为一位婆罗门青年，来到佛陀面前说："您为什么无所事事而进入睡眠之中呢？要知道，只有喝醉酒的人才会倒卧；还有，若一个人无财无业，他也会倒卧，一心求眠。如果是家财万贯的人，找乐子都来不及，谁会舍得睡觉呢？"

大智如佛陀，早就看穿了魔王的真面目。佛陀微笑着说："我并非无所事事而睡，更不是因为酒醉而眠。我因没有世间钱财所累，所以可以安心睡眠。我已经得到了出世间的无量法财，所以可以安心入眠。就算在睡眠中，乃至一呼一吸之间，我都能得到法益，且没有丝毫损减。我醒时无所疑虑，睡时无所畏惧。有人被烦恼的毒箭射中心脏，屡受痛苦，他还是能够进入睡眠之中。我的烦恼毒箭早已拔除，你告诉我，为何我不能进入睡眠呢？"

魔王听罢，悻悻然隐没不见了。

修行如调琴，琴弦太紧了，容易断掉；琴弦太松了，弹不出声音；要不紧不松，才能弹出优美的曲调。习禅者每日六七个小时睡眠是正常的；昼时若觉疲累，中午小睡三四十分钟也是适宜的。

我们在睡眠时，要像故事中的佛陀一样，提起正念，对抗心魔。这叫修“悎寤瑜伽”——睡前洗洗脚，睡时吉祥卧，侧身右卧，把左足叠在右足上，也叫作“狮子卧法”，非常有益身心。睡眠时，应作光明想。修习纯熟了，连睡梦中也是一片光明，即使做梦也不起烦恼，能念佛、念法、念僧。

很多时候，失眠乃因入睡时有挥之不去的杂念。应视此身如无物，或如糖入于水，先融化大脚趾，然后是其他脚趾，接着脚、小腿、大腿逐渐融化，最后全身化为乌有，自然睡着。这是入睡时的一种精神观想，“先睡心，后睡眼”说的就是这个道理。

最后，把《瑜伽师地论》中的一段话送给大家：

悎寤瑜伽者，谓如说言：于昼日分，经行宴坐，从顺障法净修其心；于初夜分，经行宴坐，从顺障法净修其心。净修心已，出住处外洗濯其足。还入住处，右胁而卧，重累其足；住光明想，正念正知，思惟起想，巧便而卧。至夜后分，速疾悎寤，经行宴坐，从顺障法净修其心。

没有节制的人生太可怕了

著名作家梁实秋先生和朋友们一起吃饭。熏鱼端上来，梁先生说他有糖尿病，不能吃带甜味的东西；冰糖肘子端上来，他又说不能碰，因为里面加了冰糖；什锦炒饭端上来，他还是说不能吃，因为淀粉会转化成糖。

最后，八宝饭端上来了，大家都猜他一定不会碰，没想到梁先生居然开心地说："这个我要吃。"朋友提醒他："里面既有糖又有淀粉。"

梁先生笑言，就是因为知道会上自己最爱吃的八宝饭，所以对前面的菜他才特别节制："我前面不吃，是为了后面吃啊。因为我血糖高，得忌口，所以必须计划着，把那'配额'留给最爱。"

健康是最高的福报，知足是最好的财富。节制，是一种意志，更是一种修养。大凡有所作为者，定是有克制力、懂节制之道的人。他们往往是生活的强者和自己命运的主宰者。

节制精神是中国传统文化中很重要的美德，被称为"正道"。所谓节制，就是抑制和调节人们过度的欲望和情绪，防止走极端，使之平衡。

孔子说：对于中下等修养的人而言，物质有余了就会奢侈享乐，物质不够用了才会想起要节俭，没有人来禁止就会有无限的欲望。总之，修养不够的人欠缺分寸，不懂节制。

没有分寸就会有过失，放纵欲望就会遭惩罚。欲壑难填，人的欲望不可能全被满足，何必知其不可为而为之。君子取财有道，有道的尽管拿，无道的弃之不惜，恪守不住这条底线，最终都会饱尝恶果。贪一时之快、逞一时之勇，结果往往是抱憾终身。

节制就是要控制欲望，做对自己和他人有益的事。要想生活中爱与美的河流永不干涸，就得不停在精神和物质之间互相倾倒，激起水花。如此一来，二者间的交换才能生生不息，循环流转。不让欲望的潮水冲开理智的大坝，才能少走弯路，少流悔恨的泪水。

《大学》有言：“知止而后有定。”大凡成事者，皆知止知足，修己以安人。怎么知止？停下来，让内心清净，节制自己的欲望，然后心无所住，行于布施。

一个人持戒了，自我节制了，则不欲盈，知足常乐，身心健康长寿，此乃“深根固柢，长生久视之道”。

最后，送大家一首北宋理学家邵雍的《知足诗》：

无忧无虑又无求，何必斤斤计小筹？
明月清风随意取，青山绿水任遨游。
知足胜过长生药，克己乐为孺子牛。
切莫得陇犹望蜀，神怡梦稳慢白头。

幸福就是好好活着

阿根廷的《生活杂志》上刊载过这么一段话：如果你健康，还没有生病，那么你比熬不过本周的100万人幸运；如果你从没有体验过战争的危险、饥饿的痛苦，那你比全世界5亿人幸福；如果你衣食无忧、居有定所，那么你的生活水平高于全世界75%的人；如果你在银行当中还有一点储蓄，钱包里还有一些钱，那么你是整个世界8%的生活优越的人；如果你还能阅读一些短文，还能看电视、看手机，那么你比全球7亿文盲要幸运得多。

当你抱怨没有鞋的时候，还有人没有脚。知足，不是夜郎自大，而是用一颗感恩的心去活在当下，用一颗进取的心去开创未来。

广厦千间，夜眠不过七尺；珍馐百味，日食只需三餐。如果拿橘子来比喻人生，一种橘子大而酸，一种橘子小而甜，一些人拿到大的就会抱怨酸，拿到甜的又会抱怨小；而有智慧的人，拿到了小橘子会庆幸它是甜的，拿到酸橘子会感谢它是大的。

做好今生的事，做好今生的人，就是向本我迈进。在今生有意义地活着，息灭贪、嗔、痴，将爱留给众生。世间绝大多数人，都不可能将世界弄得翻天覆地，也不大可能给人类进步带来本质的贡献，但我们能给周围的众生带来快乐和幸福，给他们智慧的启迪，这就是生命的意义。

作为万物之灵，有了生命，你就已经站在幸福的屋顶上了。所以，我想对喜欢抱怨和自寻烦恼的人说一句：活着就是幸福。在抱怨之前或是烦恼不已时，请摸着胸口默念三遍：活着就是幸福！相信你会从中获得心灵之光的照耀。

生命的意义，不是如何把自己改变成别人喜欢的样子，而是尽力做一个欢喜的人。

最后，摘一段名言警句赠予大家：

人生尽是福，唯人不知足。

思量挑担苦，徒手便是福。

思量行路苦，骑驴便是福。

思量饥寒苦，饱暖便是福。

思量病痛苦，无疾便是福。

思量荒乱苦，平安便是福。

思量离别苦，团圆便是福。

印顺法师

佛门泰斗本焕长老衣钵真传，临济宗第四十五代传人。

全国政协委员、中国佛教协会副会长、中华文化促进会副主席、海南省佛教协会会长，深圳弘法寺、三亚南山寺、尼泊尔中华寺等多家寺院方丈，本焕学院院长、南海佛学院院长。由于其修行、弘法成就及对中外佛教文化交流所做出的杰出贡献，被泰国国王御赐“华僧大尊长”荣誉称号，成为首位获得此殊荣的中国僧人。

先后主编著述出版了《弘法文库》《中国汉传佛教丛林仪规》《构建人文佛教的平台》《虚云法师与鸡足山佛教》《金刚般若波罗蜜经——现代文浅释》《般若莲花次第开——善财童子五十三参图》《印顺法师弘法集》等书籍，受邀于凤凰卫视《世纪大讲堂》及国内众多讲坛做了数十场公共演讲，在社会上产生了广泛而深入的影响。

图书在版编目（CIP）数据

不快乐，是因为太聪明 / 印顺著 . —北京：中国发展出版社，2019.5

ISBN 978-7-5177-1003-5

Ⅰ . ①不… Ⅱ . ①印… Ⅲ . ①人生哲学—通俗读物

Ⅳ . ① B821-49

中国版本图书馆 CIP 数据核字（2019）第 079032 号

书　　名：不快乐，是因为太聪明
著作责任者：印　顺
出 版 发 行：中国发展出版社
（北京市西城区百万庄大街 16 号 8 层 100037）
标 准 书 号：ISBN 978-7-5177-1003-5
经　销　者：各地新华书店
印　刷　者：河北鑫兆源印刷有限公司
开　　本：710mm × 1000mm 1/16
印　　张：20
字　　数：250 千字
版　　次：2019 年 8 月第 1 版
印　　次：2019 年 8 月第 1 次印刷
定　　价：88.00 元
联 系 电 话：（010）68990535 68990692
购 书 热 线：（010）68990682 68990686
网 络 订 购：http：//zgfzcbs.tmall.com//
网 购 电 话：（010）68990639 88333349
本 社 网 址：http：//www.develpress.com.cn
电 子 邮 件：179788905@qq.com
